Guter Rat
ist leise

CADMOS

HUNDEPRAXIS

Lesen
Lernen
Wissen

Angie Mienk

Guter Rat
ist leise

Wege zur Harmonie
zwischen Mensch und Hund

Impressum

Copyright © 2010 by Cadmos Verlag, Schwarzenbek
Gestaltung und Satz: Ravenstein + Partner, Verden
Titelfoto: Christiane Pinnekamp
Fotos im Innenteil: Jessica Mienk, falls nicht anders angegeben
Lektorat: Sabine Poppe
Druck: Westermann Druck, Zwickau

Deutsche Nationalbibliothek – CIP-Einheitsaufnahme
Die Deutsche Nationalbibliothek verzeichnet diese Publikation in der
Deutschen Nationalbibliografie; detaillierte bibliografische Daten sind
im Internet über http://dnb.ddb.de abrufbar.

Printed in Germany

ISBN: 978-3-86127-815-3

Vorwort

In diesem Buch geht es um das Thema Kommunikation mit dem Hund. Wenn wir mit unserem Hund kommunizieren, tun wir dies in der Regel verbal und vorwiegend im Befehlston: „Komm!" – „Sitz!" – „Platz!" – „Fuß!" und so weiter. So wird es uns schließlich meist beigebracht.

Hier geht es also, ganz im Gegensatz dazu, um eine vorwiegend nonverbale, fast intuitive Art der Verständigung. Das setzt ein hohes Maß an Konzentration und Selbstbeherrschung seitens des Menschen voraus. Du erfährst eine andere, neue Einstellung zum Gefährten „Hund" und zum Leben an sich. Unsere Seminarteilnehmer sind oft sehr erstaunt, wie schnell man mit seinem Hund eine ganz andere, sehr enge Beziehung aufbauen kann. Plötzlich funktioniert dann alles fast von selbst, was man bis dahin hart erarbeiten musste. Ist der Umdenkprozess beim Menschen erst einmal vollzogen, ist eine so feine Kommunikation mit dem Hund möglich, dass Außenstehende von dieser oft gar nichts mitbekommen.

An dieser Methode der zwischenartlichen Kommunikation ist nichts Esoterisches oder gar „Abgehobenes" – sie beruht auf rein wissenschaftlich erklärbaren Grundsätzen, den Naturgesetzen. Alles ist reine Physik, wie Du bald sehen wirst. Es liegt allein an uns, ob wir den einfachen und harmonischen Weg gehen wollen, oder uns weiter wild brüllend und leineruckend mit unserem Hund „verständigen". Mach Dich auf den Weg zur vollständigen Harmonie mit Deinem Hund – geh den Weg der „leisen Töne" und nimm Deinen Hund als das, was er ist …

… *ein Hund!*

Die „unsichtbare Leine" steht für die innige Beziehung zu Deinem Hund.

Die unsichtbare Leine

„Freiwillige Abhängigkeit ist der schönste Zustand, und wie wäre der möglich ohne Liebe."

(Johann Wolfgang von Goethe, Die Wahlverwandtschaften)

Schon in unserem Buch *Hundologie – das Einsteigerbuch* (Mienk 2008) wird ausführlich erklärt, wie man mit seinem Hund eine harmonische Beziehung aufbaut. Der Gipfel dieser Harmonie ist die „unsichtbare Leine", eine innige Verbindung zwischen Hund und Mensch, die auf große Distanzen funktioniert. Die Methode funktioniert nur dann, wenn bereits eine feste Bindung besteht, und wenn Du jetzt bereit bist, Dich und Deinen Hund aus einem völlig neuen Blickwinkel zu sehen.

Immer wieder werden wir gefragt, wie man diese innige Verbindung herstellt. Interessanterweise schauen uns meist die „Hundeplatz-Fanatiker" ziemlich konsterniert an, wenn sie sehen, wie wir mit unseren Hunden kommunizieren, oft ohne auch nur ein Wort oder eine Geste zu verwenden. Wenn wir mit unseren Hunden sprechen, dann in ganzen, völlig normalen Sätzen: „Kommst Du, Tony,

*Die Leine gibt Deinem Hund Halt, Sicherheit
und schützt ihn vor Gefahren.*

wir wollen doch heute noch raus – oder hast
Du wieder was anderes vor?" Wir benötigen
keine Leckerli, keinen Zwang, keinen Druck,
keine Kommandos!

**Unsere Hunde gehorchen nicht
– sie kooperieren.**

*Die Leine bildet die lockere Verbindung
zu Deinem Hund, sie bindet ihn nicht an.*

Wenn wir das erreichen wollen, müssen wir zunächst unser ganzes Denken und Handeln „umstülpen" und das beginnt schon bei dem Begriff der Leine.

Definieren wir zunächst den Begriff Leine neu:

- Eine Leine hält nicht den Hund –
  sie gibt dem Hund Halt.
- Eine Leine sichert nicht den Hund –
  sie gibt dem Hund Sicherheit.
- Eine Leine schützt nicht vor dem Hund –
  sie schützt den Hund vor Gefahren.
- Eine Leine engt den Hund nicht ein –
  sie gibt dem Hund Freiheiten.
- Eine Leine bindet den Hund nicht an –
  sie ist die (lockere) Verbindung zwischen Mensch und Hund.

Und es gibt sie doch …

„Wenn Gott einen Hund misst, zieht er ein Band um das Herz statt um den Kopf."

(Verfasser unbekannt)

Wer hat sich nicht schon einmal gefragt, warum der Hund des Wohnsitzlosen in jeder Situation ohne Halsband und Leine bei seinem Menschen bleibt, während unser Hund uns gerade wieder mit vollem Tempo über die Straße zieht? Wer hat nicht schon darüber nachgedacht, warum gerade die Hunde dieser Menschen, die niemals einen Hundeplatz gesehen haben, ohne Kommando immer das Richtige tun? Wer hat nicht

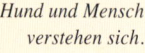

Hund und Mensch verstehen sich.

auch tief in sich drin die Sehnsucht nach einem „Lassie" oder „Rex"? Sicher, „Lassie" oder „Rex" sind eine Erfindung der Filmemacher. Aber die Hunde der Wohnsitzlosen? Die sind real. Auch unsere Hunde sind real, sehr real sogar. Ohne jemals eine „Ausbildung" absolviert zu haben, können wir sie nicht nur allesamt überall mit hinnehmen, jeder von ihnen würde für uns – aus eigenem Willen – durchs Feuer gehen, wenn es darauf ankommt.

Fragst Du Dich, warum es bei Dir und Deinem Hund nicht funktioniert und wie es bei uns zu dieser engen Bindung kommt? Die Antwort ist einfach: Wir lieben uns, wir teilen ein Leben miteinander, wir verstehen uns.

Vier elementare Dinge machen den Unterschied:
• Die menschliche Einstellung zum Hund und zum Leben;
• die daraus folgende Grunderziehung;
• die Bindung und Leadership;
• die Gedanken, die Gefühle und damit die „unsichtbare Leine", die bei den Glücklichen bestens funktioniert.

Die menschliche Einstellung zum Hund

„Wer selbst recht ist, braucht nicht zu befehlen: und es geht. Wer selbst nicht recht ist, der mag befehlen: doch wird nicht gehorcht."

(Konfuzius, Gespräche Lunyü)

Der Hund als Partner – ja, jedoch nicht im menschlichen Sinne. Der Hund lebt stets im Hier und Jetzt, gespickt mit allen Erfahrungen aus der Vergangenheit. Keinesfalls lebt der Hund wie wir Menschen in der Zukunft. Gedanken wie: „Was wird morgen sein?" liegen ihm fern. Er denkt jedoch auch nicht in der Vergangenheit: „Hätte ich gestern doch den Knochen gefressen, wäre er jetzt nicht gestohlen worden ..."

Wir Menschen müssen den Hund so nehmen wie er ist und alle seine Bedürfnisse befriedigen, damit er wie ein Partner an unserer Seite glücklich leben kann. Nur ein glücklicher, ausgeglichener Hund kann und will sich so auf seinen Menschen einstellen, dass eine dauerhafte Bindung entsteht (siehe hierzu die „Fragen für den Hundehalter" in *Hundologie – das Einsteigerbuch*, Mienk 2008).

Der Hund sieht in uns nicht – wie man uns oft glauben machen will – den Rudelführer. Ein Hund weiß sehr wohl Menschen von Tieren zu unterscheiden. Er ist ja nicht blöd – nur anders. Wir sollten uns also auch nicht wie Hunde benehmen, sondern wie Menschen – allerdings wie ehrliche Menschen, denn gute menschliche Schauspieler sind selten. Und Hunde durchschauen uns blitzschnell.

Wenn alle Voraussetzungen erfüllt sind, gratuliere ich Dir. Dann hast Du die Grundvoraussetzungen für ein sehr harmonisches Zusammenleben geschaffen. Halte Dir jedoch immer vor Augen: Der Hund ist ein Tier, kein Mensch – er denkt anders, handelt anders und lebt anders als wir Menschen. Du kannst 100 Hunde gleicher Rasse haben – jeder hat einen

Wenn Du Deinen Hund als Partner so akzeptierst, wie er ist, dann bist Du auf dem richtigen Weg.

eigenen, unverwechselbaren Charakter, jeder einen anderen Charme und jeder eine andere Ausstrahlung.

Hunde sind Individuen, die artgemäßen und höchst individuellen Umgang und Kommunikation beanspruchen. Die Kommunikation der Hunde untereinander erfolgt größtenteils durch Gesten oder durch Schwingungen = Energie.

Kommunikation zwischen Mensch und Hund

„Nicht die Ziele, die wir uns setzen, zeigen wer wir sind, sondern die Wege, die wir beschreiten, um diese zu erreichen."

(Verfasser unbekannt)

In der Kommunikation zwischen Mensch und Hund unterscheiden wir zwischen:

- verbal
- nonverbal
- unbewusst.

Der Kommunikationswissenschaftler und Psychotherapeut Paul Watzlawick hat einmal gesagt: „Wir können nicht *nicht* kommunizieren!" Alles, was wir tun, denken, glauben, ist Kommunikation. 60 Prozent unserer Kommunikation sind unbewusst und nonverbal, fünf Prozent sind bewusst nonverbal und etwa 35 Prozent sind verbal.

Unsere Hunde reagieren auf geringste Gesten unsererseits und auf unsere Schwingungen. Wir senden ständig Schwingungen aus – gute, schlechte, neutrale – unser Hund nimmt sie auf und verarbeitet sie auf seine Weise. Unsere nonverbale Kommunikation wird vom Hund wesentlich exakter aufgenommen und verarbeitet als alle Gesten oder Worte. Wenn wir nun verbal mit ihm kommunizieren, so müssen wir uns stets vergegenwärtigen, dass diese Art der Kommunikation für den Hund den niedrigsten Stellenwert hat – er verlässt sich trotzdem mehr auf unsere Schwingungen und reagiert entsprechend. Dabei nimmt er auch – meist sogar besonders intensiv – die von uns unbewusst gesendeten Signale auf: Der Hund reagiert und uns ist gar nicht klar, worauf.

Sichtbare und unsichtbare Schwingungen nimmt Dein Hund sofort wahr. Erst wenn Deine Signale wirklich positiv sind, reagiert er so, wie Du es Dir wünschst.

Ein Beispiel aus der Praxis:

Gerd lässt seinen Neufundländer ohne Leine auf einem großen Feld herumtoben. Ein Blick auf die Uhr sagt ihm, dass er längst wieder im Büro sein sollte. Er ruft nach Blacky, ist unter Zeitdruck. Blacky, der sonst immer hervorragend gehorcht, schaut kurz zurück, folgt aber nicht. Die Zeit wird knapp – der Chef wird rasend sein vor Wut. Gerd ruft erneut, schon etwas ungeduldiger. Gleichzeitig sieht er das Bild des wütenden Chefs vor seinem geistigen Auge, der ihn wegen seiner Verspätung rügt. Blacky reagiert nicht. Nun hat Gerd aber die Nase voll, seine Wut steigt. Plötzlich fällt ihm ein, was er gelernt hat: „Niemals ungeduldig nach dem Hund rufen, immer freundlich sein". Obwohl er in Rage ist, ruft er zuckersüß nach Blacky. Der schaut sich kurz um und vergrößert die Distanz …

(Foto: Tierfotoagentur.de/K. Lührs)

Was ist geschehen? Ist der sonst immer gehorsame Blacky nun plötzlich verrückt geworden? Will er sein Herrchen provozieren? Oder hat er einfach etwas Besseres zu tun? Nichts von alledem.

Bereits beim ersten Rufen hat Blacky die Schwingung „Stress" erfühlt. Er wird unsicher, kann mit diesem Gefühl seines Menschen nicht viel anfangen und wartet ab. Das zweite Rufen verrät Blacky: „Herrchen ist sauer." Für Blacky eine schwierige Situation: Einerseits will er zu seinem Menschen, andererseits weiß er nicht, warum der so sauer ist. Kein Hund lässt sich gerne für etwas be-strafen, was er nicht versteht – und Wut oder Stress in diesem Zusammenhang kann ein Hund nicht verstehen. Auch der zuckersüße Ruf täuscht den Hund nicht – er nimmt auf jeden Fall die negativen Schwingungen auf und reagiert darauf mehr als auf das Wort.

Nur wenn wir wissen und akzeptieren, dass unsere Hunde auf unsere Schwingungen, unsere Gedanken und Gefühle mehr als auf alles andere reagieren, haben wir den Schlüssel zur „unsichtbaren Leine".

Gehorsam

„Ein Tropfen Liebe ist mehr als ein Ozean an Willen und Verstand."

(Blaise Pascal)

Eine sehr wichtige Einstellung gegenüber unserem Hund gilt dem Gehorsam. Wie definieren wir Gehorsam, wie wichtig ist er uns und was bedeutet er für eine echte Partnerschaft zwischen Mensch und Hund?

Du musst Dich in bestimmten Situationen darauf verlassen können, dass Dein Hund auf Zuruf kommt.

Der Hund muss gehorchen – ja. In bestimmten Situationen muss ich mich darauf verlassen können, dass mein Hund 100 Prozent zuverlässig gehorcht. Jedoch ist es Unsinn, diesen „Kadavergehorsam" immer wieder zu verlangen. Es ist nötig, dass der Hund auf Zuruf sofort kommt, wenn ein Auto naht oder sonst eine Gefahr im Verzug ist. Es ist unsinnig, dass der Hund im Haus auf jeden Zuruf sofort erscheint, nur weil der Mensch Spaß daran hat, die „Folgsamkeit" seines Hundes immer wieder unter Beweis zu stellen.

Es ist wichtig, dass mein Hund vor einer Straße stehen oder sitzen bleibt. Ist es aber nötig, dass er in seinem Revier, seinem Zuhause ohne ersichtlichen Grund stundenlang auf seiner Decke sitzt? Warum soll der Hund sitzen, bevor er seinen Futternapf bekommt? Warum soll er „vorsitzen", wenn sein Mensch ihn gerufen hat? All dies sind für die zwischenartliche Verständigung unsinnige Übungen, die mit Kommunikation oder gar Harmonie nichts zu tun haben. Das heißt jetzt nicht, dass Du nicht von Deinem Hund erwarten kannst, dass er „vorsitzt", wenn Du ihn gerufen hast – schließlich erwartest Du von einem Kind auch, dass es sich bei Tisch „benimmt". Du solltest Dir aber darüber im Klaren sein, dass Dein Hund Dir diesen Wunsch zwar erfüllt, allerdings ohne zu wissen, warum er es tun soll. Tut er es dann einmal nicht, kann er eine Strafe (und sei es nur eine ungeduldige Geste von Dir) nicht verstehen.

Ein Hund braucht *Grenzen*, innerhalb derer er sich frei bewegen und entfalten kann. Die

Grenzen sollten jedoch flexibel sein und nicht starr. Und ein Hund braucht *Rechte*, die ihm niemand, auch Du nicht, beschneiden darf. Wenn ich von meinem Hund erwarte, dass er jedes Kommando, jeden Befehl sofort befolgt, habe ich zwar einen gehorsamen Hund, aber keinesfalls einen Partner.

Wenn ich Kooperation von meinem Hund erwarte, brauche ich keine Befehle oder Kommandos. Dazu brauche ich viel Verstand, Wissen und Einfühlungsvermögen in ein Lebewesen, das so anders ist als wir Menschen. Hier liegt der Unterschied zwischen Erziehung und Dressur!

Ein Beispiel aus der Praxis:

Eine junge Frau, Gerda, kommt mit ihrem vierjährigen Schäferhund-Mix Arko zu uns. Verzweifelt erzählt sie uns, dass sie nach der Lektüre unserer Homepage gemerkt habe, was sie alles falsch gemacht habe. Sie wolle nun aber alles richtig machen, nur Arko weigere sich standhaft, auch nur ein klitzekleines bisschen zu kooperieren. Sie verstand das alles nicht – bis vor Kurzem hatte sie mit Arko alle Prüfungen abgelegt und war sehr erfolgreich. Jetzt reagiere er zu Hause auf einmal völlig „irre", gehorche überhaupt nicht mehr, und wolle die neue Methode kein bisschen anerkennen.

Während unseres Gesprächs saß Arko neben Gerda und schaute sie wartend an. Ich bat Gerda, aufzustehen, was sie auch tat – Arko stand gleichfalls sofort auf, ging zu Gerda „bei Fuß" nach Lehrbuch und schaute sie erwartungsvoll an. Gerda jedoch beachtete ihn gar nicht, sie schaute ebenso erwartungsvoll mich an. Ich bat beide, wieder Platz zu nehmen (was beide auch wie „auf Kommando" taten – sie waren wieder in der gleichen Position wie zuvor). Dieses Verhalten wollte ich mir „vor Ort" ansehen und machte mit Gerda einen Termin bei ihr daheim aus. Bereits am folgenden Tag fuhr ich hin. Schon als ich klingelte, hörte ich drinnen einen Tumult ausbrechen. Arko bellte und sprang wie ein Verrückter gegen die Tür. Dann erklang leise Gerdas Stimme: „Nicht Arko, das darfst Du nicht". Gerda öffnete die Tür und Arko sprang mich mit voller Wucht an. Damit hatte ich gerechnet und war gewappnet. Dann schaute ich mir die Tür an und fragte Gerda: „Es kam häufig Besuch in der letzten Zeit, nicht wahr?" Sie nickte und erklärte mir, dass sie schon vom Vermieter eine Abmahnung erhalten habe, sie müsse eine neue Tür einbauen.

Wir setzten uns ins Wohnzimmer und Gerda bot mir einen Kaffee an. Ich solle die Tasse aber keinesfalls auf den Tisch stellen, da Arko sie sonst umwerfen würde. Ich konnte mich also live davon überzeugen, dass Arko, der in fremder Umgebung unsicher an der Seite seines Frauchens blieb, daheim den „Rambo" gab. Während ich also Gerda er-

(Foto: Tierfotoagentur.de/K. Lührs)

klärte, was sie bislang falsch gemacht hatte, stellte ich meine Tasse auf den Tisch und beobachtete Arko aus den Augenwinkeln. Der wollte sofort zur Tasse hin, ich stoppte ihn durch ein einfaches: „Lass es sein!", das ich leise aber drohend aussprach. Sofort brach Arko sein Vorhaben ab und schaute mich verständnislos an. Ich streichelte ihn und erklärte Gerda, dass ein Hund gewisse Grenzen braucht. Seine Freiheit hört da auf, wo Deine Freiheit anfängt und umgekehrt. Nur so ist ein friedvolles Zusammenleben möglich. Ich erklärte ihr nun detailliert, wie sie in verschiedenen Situationen reagieren soll und dass sie mit Arko ruhig weiter Hundesport betreiben kann. Im Sport lastet sie ihn aus, da sind Kommandos in Ordnung – zu Hause spricht sie in ganzen Sätzen und betont.

Dein Hund braucht Freiheiten, …

… aber auch Grenzen. Du musst ihm zeigen, wo seine Grenzen sind und seine Freiheiten aufhören.

Nach einer Übergangzeit von zwei Wochen kamen beide wieder zu mir: Arko begrüßte mich und bewegte sich lässig und selbstverständlich und Gerda konnte man ansehen, wie stolz sie auf ihren Arko war. Die beiden wuchsen nun zu einem Team zusammen – Gerda gab die Richtlinien vor, an die sich beide hielten. Das war natürlich nur der allererste Schritt zur vollkommenen Harmonie – aber jeder Weg beginnt mit dem ersten Schritt …

Noch ein anderes Beispiel:

Gunther, ein junger Mann in den Dreißigern, Ersthundebesitzer mit Schäferhündin. Er liebt Hunde und seine „Kleine" ganz besonders. Mit 14 Wochen hat er die „Kleine" vom Züchter gekauft, sie aber bei Freunden gelassen, damit die Hündin im Rudel aufwachsen konnte. Erst Monate später nahm er sie dann ganz zu sich. Beide lieben sich innig. Dennoch hat Gunther mit der „Kleinen" Probleme:

„Sie ist jetzt etwas über ein Jahr alt und spielt nicht mehr mit anderen Hunden. Sie ist faul und schläft fast den ganzen Tag, mag nicht mehr spazieren gehen, mag keine Stöckchen holen, geht nicht ins Wasser und hat vor allem Möglichen Angst." Die „Kleine" ist eine wunderschöne Altdeutsche Schäferhündin. Gunther ist der Ansicht, dass Bindung allein reicht – er liebt sie doch, die Bindung stimmt – was also stimmt nicht mit dem Hund? Gunther versteht die Welt nicht mehr, er tut alles für seinen Hund: Er teilt sein Essen mit ihr, sein Bett, seine Couch, seine Hobbys … Sie muss nichts tun, was sie nicht will. Wenn sie nicht hinaus will – dann geht es eben nicht hinaus – wenn sie ins Auto will, statt Gassi zu gehen, dann geht sie halt ins Auto. Sie läuft meist ohne Leine – wenn sie dabei früher auf andere Hunde traf, rannte sie gleich hin und wollte spielen.

(Foto: Tierfotoagentur.de/D. Geithner)

Auch hier ist die Lösung ganz einfach: Liebe allein reicht nicht aus! Ein Hund braucht Richtlinien, wie ein junger Mensch auch. Die Erziehung blieb bei der „Kleinen" völlig auf der Strecke. Sie hatte zwar in Gunther einen Freund, aber keinen „Leader" – ein Hund braucht liebevolle Führung wie ein gut arbeitendes Team. Und „Leadership" gilt immer – jeden Tag, jede Stunde, jede Minute, jede Sekunde. Leadership bedeutet: *Führung, Schutz, Anleitung* und trotzdem *Freiheiten* geben. Dazu kommt noch, dass sie als Altdeutscher Schäferhund ohnehin mehr Richtlinien braucht als manch anderer Hund. Sie braucht eine Aufgabe, Beschäftigung – Stöckchen holen oder Ball spielen ist nicht ihr Ding. Gunther hat nicht verstanden, dass Hunde anders spielen als Menschen – nun ist er enttäuscht. Wir zeigen Gunther und der „Kleinen", was alles möglich ist, auch an Denksportaufgaben und langsamen Spielen. Gunther erklären wir, dass Erziehung richtig ist und sein muss und viel Geduld erfordert. Ein artgemäß gehaltener Schäferhund hat spezielle Eigenschaften, die unterstützt werden müssen, dann kann er glücklich und zufrieden leben. Seit Gunther nicht nur Freund, sondern freundlicher „Leader" ist, sind beide glücklich und zufrieden. Auch die Angst der Hündin ist plötzlich verschwunden.

Ein Hund braucht Regeln – die lernt er über Erziehung, nicht über Unterordnung oder Drill. Ein Hund braucht Sicherheit – die kann ihm nur sein Mensch geben.

Der Gehorsam, der nötig ist, um Kooperation und Verständigung zu erreichen, ist individuell verschieden – er hängt von den Lebensumständen, dem Wohnort und vielen Komponenten ab.

Unsere Hunde kennen von Beginn an folgende Regeln:

- Stehlen darf man nicht! Weder vom Tisch noch von irgendeinem anderen Gegenstand darf „gestohlen" werden.
- Mein Essen gehört mir – Dein Essen gehört Dir.
- Vor einer Straße bleibt man stehen oder sitzen.
- Auch Fremde werden nicht angesprungen.
- Wenn wir zusammen draußen sind (außerhalb des Grundstücks), heißt es: auf Rufen sofort kommen.

Es gibt noch weitere Regeln, die aber von Fall zu Fall – von Hund zu Hund variieren.

Du siehst, es ist uns gleich, ob der Hund auf Kommando oder auf Wunsch sitzt oder liegt – die Grundregeln müssen eingehalten werden. Innerhalb der Regeln können sich unsere Hunde bewegen. Besonders wichtig und selbstverständlich: Auch wir Menschen müssen die Grenzen und Regeln einhalten.

Diese Regeln gelten für Menschen:

- Beim Fressen wird der Hund nicht gestört.
- Wenn der Hund schläft, lassen wir ihn nach Möglichkeit in Ruhe.
- Der Hund darf sich zurückziehen, wenn ihm Kinder, Besuch oder etwas anderes zu viel werden.

Dein Hund hat das Recht, sich ungestört zurückzuziehen.

- Wenn Kinder zu Besuch oder im Haus sind, müssen auch sie lernen, den Hund „vernünftig" zu behandeln.
- Der Hund wird durch mich beschützt – wenn es sein muss, auch vor der eigenen Familie.

Diese Regeln haben allerdings nichts mit der jeweiligen Ausbildung der Hunde zu tun. Ich habe Hunde, die alle Schutzhundeprüfungen mit Bravour bestanden haben – sie sehen es wie wir: Hundeplatz ist Sport. Zu Hause bleibt es dabei: Wir sprechen in ganzen Sätzen mit viel Gestik und eben nonverbal.

Du hast also auch nur Regeln und verlangst keinen absoluten „Kadavergehorsam" von Deinem Hund? Dann kommen wir zum nächsten Punkt – die Grunderziehung.

Grunderziehung

„Geduld ist die Zeit, die man braucht, um alles zu verstehen."

(Verfasser unbekannt)

Unter Grunderziehung verstehen wir die Basis, die Grundregeln, die jeder Hund einhalten muss:

- stubenrein sein (sofern nicht eine physische oder psychische Ursache dies verhindert),
- seinen Namen kennen und darauf reagieren,
- Alltags-Situationen mit seinem Menschen „meistern".

Übungen wie „Sitz", „Platz" und so weiter kommen hierbei nicht vor, was aber nicht heißt, dass diese nicht sinnvoll sind. Die Alltagssituationen sind verschieden, sie hängen mit Wohnort (Stadt oder Land), Umgebung

Dein Hund muss lernen, Alltags-situationen gemein-sam mit Dir zu „meistern".

Zeige Deinem Hund, dass er Dir voll und ganz vertrauen kann – dass Du ihn vor All-tagsgefahren schützt und ihm hilfst, in der menschlichen Zivilisation klarzukommen.

Kennen und Kennenlernen

Bindung bedeutet auch: *Kennen*. Unsere Hun-de kennen uns mit der Zeit sehr gut – oft sogar besser als wir uns selbst. Sie können also sehr gut unterscheiden, ob wir etwas ernst meinen oder nicht, ob wir etwas verbieten – aber kom-promissbereit sind, oder nicht.

Weiter vorne in diesem Buch habe ich ge-sagt: „Mein Essen gehört mir". Es liegt allein an mir, ob ich es mit den Hunden teile oder nicht. Von Zeit zu Zeit bekommen meine Hun-de etwas ab – ja, auch vom Tisch. Bei der nächsten Mahlzeit stehen sie dann auch wie-

(Wild, Jogger, Radfahrer) und der individu-ellen Lebenssituation zusammen.

Du siehst, es gibt nur sehr wenig, was Dein Hund wirklich *muss*. Die Regeln stellst *Du* auf, *Du* bist der Meister der Zivilisation, *Du* bist für Deinen Hund verantwortlich, *Du* bist der Ältere, Erfahrene und gibst Dein Wissen und Deine Erfahrung an Deinen Hund wei-ter – *Du* bist der Lehrer.

Zeige Deinem Hund die Gefahren des All-tags: Verkehr, fremde Menschen, fremde Hun-de, und leite ihn an, zu seiner eigenen Sicher-heit, gewisse Regeln zu befolgen:

Nicht vor Autos laufen, stattdessen vor Straßen stehen oder sitzen. Nicht Jogger ja-gen, stattdessen nah bei Dir bleiben. Nicht auf jeden fremden Hund zulaufen, stattdes-sen abwarten, wie Du die Lage einschätzt.

der da, fragen, ob sie etwas bekommen. Ein leichtes Kopfschütteln meinerseits genügt dann, sie trollen sich davon und gehen ihren Beschäftigungen nach – sie betteln nicht! Sie wissen also mit der Zeit, wann ein *Nein* auch *Nein* bedeutet und wann es *vielleicht* bedeutet – danach richten sie sich. Günstig wirkt es sich aus, wenn Du selbst auch weißt, ob Du gerade zu Kompromissen bereit bist, oder eher nicht.

Auch Du wirst, wenn Du Dir etwas Mühe gibst, Deinen Hund von Tag zu Tag besser kennenlernen.

Beobachte Deinen Hund und seine Reaktionen genau – je besser man sich kennt, umso besser lässt sich eine Bindung zur Verbindung ausbauen.

Der Lebensrhythmus

„Wo sollte man sich von der endlosen Verstellung, Falschheit und Heimtücke der Menschen erholen, wenn die Hunde nicht wären, in deren ehrliches Gesicht man ohne Misstrauen schauen kann?"

(Arthur Schopenhauer)

Hunde sind zwar wahre Meister der Anpassung, dennoch haben sie einen völlig anderen Lebensrhythmus als wir Menschen. Hunde schlafen nachts meist nicht durch – sie schlafen tagsüber immer wieder. Hunde brauchen viel mehr Bewegung als wir Menschen und vor allem andere Arten der Bewegung. Hunde haben andere Verdauungszeiten als wir Menschen – eine Tatsache, die wir bei Aktivitäten berücksichtigen müssen. Hunde sind – meist – nicht gern allein. Viele Hunde müssen aber tagsüber allein bleiben, weil ihre Menschen das Futter verdienen müssen. Diese Hunde sind dann energiegeladen, wenn wir kaputt nach Hause kommen. Diese überschüssige Energie („War das langweilig Frauchen, jetzt tu was, tu was, spiel mit mir …!") entlädt sich dann in dem Augenblick, in dem wir die Haustür öffnen. Der Hund springt freudig und erwartungsvoll um uns herum oder auch auf uns drauf – schon ist unsereins wieder genervt. Wie oft wird der Hund wegen

Voller Sehnsucht und Langeweile wartet Dein Hund, bis Du nach Hause kommst.

seiner überschüssigen Energie, seine Erwartung an uns, ausgeschimpft und bestraft? Nicht gerade eine Basis für Vertrauen, aber genau das ist die Grundlage zur „unsichtbaren Leine", zur Bindung, zur Beziehung – dies gilt es zu verinnerlichen!

Die Welt aus der Sicht Deines Hundes

„Je mehr ich gelernt habe, desto mehr habe ich gelernt, dass das Lernen nie aufhört."

(Verfasser unbekannt)

Dein Hund sieht die Welt anders, ganz anders als Du. Zum einen liegt das an seinem Kör-

perbau – er geht auf vier Beinen. Zum anderen liegt es an seiner Größe – er ist, wenn er ein sehr großer Hund ist, gerade einmal 90 Zentimeter hoch (Schultermaß). Zum dritten ist er mit ganz anderen Fähigkeiten ausgestattet, insbesondere was seine Wahrnehmung angeht (Instinkt, Motorik, Geruch, Augen, Ohren, Tastsinn).

Hier soll es um die „Weltanschauung" unserer Vierbeiner gehen. Um die „Weltanschauung" unserer Vierbeiner auch nur annähernd zu verstehen, machen wir in unseren Workshops und Seminaren gerne folgendes Experiment, das auch Du bei Dir zu Hause einmal durchführen solltest:

Man benötigt dazu mindestens zwei Erwachsene und, ganz praktisch, ein Kind. Du gehst hinunter auf alle Viere und wanderst von Raum zu Raum, während die Menschen um Dich herum alltägliche Dinge erledigen: putzen, aufräumen, sich unterhalten, Besuch empfangen und so weiter. Sie sollen Dich auch wie einen Hund behandeln: Du musst ausweichen, wenn sie kommen, zur Seite gehen, darfst nicht in gewisse Räume und man schickt Dich auf Deinen Platz (eine Decke auf dem Boden), sobald Du irgendwie im Weg bist. Bedenke, dass Du Deine Hände nicht wie ein Mensch benutzen darfst, das lästige Kind, das vielleicht dauernd an Dir „herumwurschtelt" kannst Du kaum abwehren. Du musst immer auf der Hut sein, damit Dir niemand auf die „Pfoten" tritt oder auf Deine „Rute".

Wenn Du das eine halbe Stunde lang durchhältst, hast Du genug davon und kommst Dir, ehrlich gesagt, ziemlich über-

flüssig und winzig vor. Erinnere Dich an dieses Gefühl, wann immer Du mit Deinem Hund zu tun hast. Alles um Dich herum ist riesig – stell Dir das Ganze nun noch im Freien vor – kein angenehmes Gefühl, oder? Nun kommt für den Hund noch erschwerend hinzu, dass er sich meist nicht äußern darf – er darf weder übermäßig bellen (wenn überhaupt), wenn er jault, ist sein Mensch entweder erschrocken oder schimpft. Wenn er sich von seinem Platz erhebt, weil ihm dort langweilig ist, wird der Mensch sauer, denn Hund steht ja schon wieder im Weg herum. Kannst Du Dich in Deinen Hund hineinversetzen? Kannst Du annähernd seine Gefühle nachempfinden? Wenn ja, bist Du schon auf dem richtigen Weg – dann ist es zur „unsichtbaren Leine" nicht mehr weit.

Begib Dich auf alle Viere und nimm die Welt aus Sicht Deines Hundes wahr.

Die Bindung

„Manchmal denkt man, es ist stark festzuhalten. Doch es ist das Loslassen, das wahre Stärke zeigt."

(Verfasser unbekannt)

Je stärker die Bindung zwischen Dir und Deinem Hund ist, umso stärker reflektiert Dein Freund Deine Gefühle, Deine Stimmung, Deinen Charakter. Es ist schon wahr, dass der Hund der Spiegel Deiner Seele ist. Und weil das so ist, musst Du von der ersten Sekunde an die Verantwortung übernehmen und Deinem Hund ein Vorbild sein, ihm Halt und Schutz geben, ihm helfen, kurz: liebevoller „Leader" sein. Ein guter Leader ist eine gelungene Mischung aus:

- 30 Prozent verständnisvoller Mutter/verständnisvollem Vater
- 30 Prozent liebevollem Lehrer
- 20 Prozent alles verzeihendem Freund
- 10 Prozent psychologisch geschultem Coach
- 20 Prozent robustem Spielkameraden.

Hast Du nachgerechnet? Völlig korrekt – ein guter „Leader" gibt immer 110 Prozent!

Leader werden ist nicht schwer – Leader sein dagegen sehr

„Ein Mensch, der Geduld haben muss als Erzieher, ist ein armer Teufel. Liebe und Freude muss er haben!"

(Johann Heinrich Pestalozzi)

In diesem Zusammenhang ist auch interessant, wie heute durch verschiedene Wortspiele der Begriff des Alpha-Männchens (oder Frauchens) missbraucht wird. Der Alpha in seiner ursprünglichen Bedeutung war nicht der körperlich starke, dominante Herrscher über sein „Volk", er war vielmehr der, der in jeder Situation im Alpha-Zustand war. Alpha-Zustand bedeutet: ausgeglichen sein, jeder Situation gewachsen sein, die Verantwortung für die anderen übernehmen, niemals in den Beta-Zustand = Panik geraten. Alpha ist also ein souveräner zuverlässiger „Leader".

„Leader" wirst Du in dem Moment, in dem Du Deinen Hund das erste Mal siehst. Sei es nun der niedliche Welpe beim Züchter oder Deine große Liebe aus dem Tierheim. Mit dem ersten Blick knüpfst Du das Band, das Euch künftig zusammenhält. Wenn Du *Deinen* Hund zu Dir holst, hast Du bereits Leader zu sein – Du kannst es nicht üben, Du musst es *sein*. Das fällt vielen Menschen extrem schwer, denn der menschliche Charakter, die menschlichen Eigenheiten, eben die gesamte Palette menschlicher „Schwingungen" stürzen auf den Hund ein und machen ihn zu dem, was er ist.

Gegenseitige Liebe und Vertrauen – der Hund vertraut seinem Menschen und umgekehrt.

Ein Beispiel aus der Praxis:

Eva kam zu uns, verzweifelt wie die meisten unserer „Klienten". Ihre einjährige Malinois-Hündin war ängstlich, kam nicht, wenn sie gerufen wurde, lief davon … Der erste Kontakt zwischen Eva und mir war telefonisch. Sie klang nervös, versuchte jedoch, die Sachlage mit Humor zu beschreiben. Als wir uns dann persönlich trafen, bestätigte sich meine Vermutung: Eva ist ein schüchterner, leicht unsicherer Typ. Ihre Hündin war das exakte Spiegelbild von Eva – nervös, unsicher, ängstlich. Beim geringsten Anlass schaukelten sich die beiden emotional gegenseitig hoch.

Beim Spaziergang stellte ich fest, dass jede Bewegung der Blätter, jedes noch so kleine Geräusch von beiden aufs Stärkste registriert wurde, beide waren Anspannung pur. Als ich Eva bat, die Hündin auf einer großen Wiese von der Leine zu lassen, kam die Antwort: „Die kommt nicht, wenn ich sie rufe!" Erst als ich Eva vorlog, dass hinter der Böschung ein Zaun sei und die Hündin da nicht weiter könne, löste sie die Leine (die sichtbare und die unsichtbare) und die Hündin lief einige Meter vor. Ich bat Eva nach einigen Minuten, die Hündin zu rufen. Eva, mit dem Wissen, dass ihr Liebling nicht weit sein konnte, rief entspannt nach Fibi und die kam unverzüglich zurück. (Zu Evas Geschichte im nächsten Kapitel mehr.)

Du kannst einen Hund nicht täuschen, wenn Du nur Souveränität vorspielst, nützt es gar nichts. Wenn Du Charakterstärke simulierst, hilft es nichts – der Hund kennt die Wahrheit von der ersten Sekunde an.

(Foto: Tierfotoagentur.de/M. Häupl)

Ein guter „Leader" vertraut aber auch seinem Hund, der gewisse Situationen wesentlich besser einschätzen kann als wir Menschen. Ob von einem Fremden eine Gefahr ausgehen könnte oder nicht, kann ein unbelasteter Hund wesentlich besser erkennen als wir Menschen. Ob im Wald eine verdeckte Gefahr (ein alter, fast verschütteter Brunnen vielleicht) droht, spürt ein Hund ebenfalls viel früher als wir Menschen.

Gegenseitiger Respekt – gegenseitige Liebe und gegenseitiges Vertrauen sind die Vorbedingungen für die „unsichtbare Leine". Damit das alles funktioniert, bist Du nun allerdings gefordert: Du musst lernen, Deine Worte, Gesten, Deine Gefühle und Gedanken immer zu kontrollieren!

Hundeflüstern – wörtlich genommen!

Ich staune immer wieder, wie laut und rabiat es auf vielen Hundeplätzen zugeht. Da wird gebrüllt, dass die Bäume wackeln, befohlen, gedroht, geflucht, über den Hund geschimpft. Selten, nur sehr selten, habe ich „Hundeplätzler" bei der Arbeit lächeln sehen oder gar lachen hören. Bedenkt man nun, dass Hunde hundertmal besser hören als wir Menschen, muss für die armen Tiere dort kontinuierlich „Bombenlärm" herrschen. Das ist schlecht für die Ohren, den Verstand und das Gemüt. In den Kasernen dieser Welt hat man bereits viel vom Kasernenhofton abgeschafft – auf unseren Hundeplätzen hält sich diese Tonart hartnäckig. Warum sollte man etwas ändern, was schon jahrelang so ist? Da müsste man ja umdenken. Das wäre ja zu viel verlangt, oder?

Du willst es besser machen, sonst würdest Du ja nicht dieses Buch lesen. Dann beginne gleich jetzt: Ab sofort wird geflüstert. Das meine ich wörtlich – das hat nichts zu tun mit den sogenannten „Hundeflüsterern". Sprich leise mit Deinem Hund – er wird Dir besser zuhören.

Ein Beispiel aus der Praxis:
Um mich herum sind ständig mindestens zwölf Hunde aller Altersgruppen. Wenn die spielen und toben, herrscht bei uns ein Lautstärkepegel wie in einer Disco. Ich versuche dann manchmal, gegen diesen Lärm anzubrüllen. Das hilft – exakt zehn Sekunden lang – dann geht es wieder los. Wenn ich dann ganz leise: schhhhh … mache, ist urplötzlich Stille – man kann eine Stecknadel fallen hören – alle kommen zu mir. Leise kann ich ihnen dann sagen, dass sie gefälligst meine Ohren schonen sollen. Bis jetzt hat das immer funktioniert.

Warum sollen wir also unsere Hunde durch einen lauten Kasernenhofton abstumpfen? Das hat mir bis heute noch niemand wirklich erklären können. Du kommst jetzt sicher mit dem Argument der Entfernung: Wenn mein Hund nun 100 Meter weit weg ist, dann muss ich doch schreien? Entweder das oder ich habe eine kleine Pfeife – ein ganz kurzer Pfiff genügt – der Hund schaut mich an und ich kann ihm mit meinen Gesten bedeuten, zu mir zu kommen. Diese Methode hat sich als angenehmer für Hund, Mensch und Umwelt erwiesen.

Eine Verbindung aus Gedanken

*„Achte auf Deine Gedanken – denn sie werden Worte,
achte auf Deine Worte – denn sie werden Handlungen."*

(Talmud)

Sicher kennst Du diesen Spruch. Wir fügen dem jetzt noch hinzu:
„Achte auf Deine Gefühle – denn sie werden Gedanken."

Damit die „unsichtbare Leine" funktioniert, musst Du Dich auf Deine Gedanken konzentrieren.

Nun noch einmal zu Eva: Evas Beispiel zeigt uns sehr schön, wie die „unsichtbare Leine" funktioniert. Fibi kam nicht auf Rufen, solange Eva davon überzeugt war, dass ihre Hündin den Ruf ignorieren würde. Dabei überwog Evas Angst, die Hündin könne entwischen. Erst als ich Eva einredete, dass Fibi nach der Böschung nicht weiter könne, glaubte Eva daran und war davon überzeugt, dass ein Weglaufen nicht möglich war. Mit dieser Überzeugung rief sie nun Fibi, die sofort kam.

Was war geschehen? Wenn man die gewünschten Ergebnisse erzielen will, ist gegenseitige Aufmerksamkeit = Konzentration erforderlich. Irgendwann in der Zeit vor unserem Treffen, in einem Moment der Unachtsamkeit, hatte Evas Konzentration nachgelassen oder sie war auf etwas anderes fixiert, als sie Fibi rief. Die Hündin spürte den

Moment der Unachtsamkeit und reagierte nicht auf den Ruf, im Gegenteil, sie entfernte sich weiter von Eva. Seither saß in Eva der Gedanke fest, dass Fibi sowieso nicht folgt. Diesen Gedanken gab sie bei jedem Ruf an Fibi weiter. Warum also sollte die Hündin folgen, wenn ihr solch negative Schwingungen entgegen kamen? Bei unserem gemeinsamen Spaziergang suggerierte ich Eva, dass Fibi auf keinen Fall weglaufen kann (das war Evas große Angst). Ich brachte Eva dazu, Fibi zu rufen und überzeugte sie gleichzeitig davon, dass Fibi unter allen Umständen auf den Ruf unverzüglich reagieren wird. Jeden negativen Gedanken bei Eva konnte ich für einige Sekunden ausräumen. Da ich Eva gleichzeitig fragte, was das schönste Erlebnis mit Fibi war, hatte ich sie soweit, dass sie ganz kurz nur positive Schwingungen (Gedanken und Gefühle) aussandte.

Noch ein Beispiel aus der Praxis:

Askan, Jack Russell Terrier, ist lebenslustig und ganz Terrier mit ungeheurem Selbstbewusstsein. Sein „Leader" liebt ihn über alles, hatte aber Angst, ihn von der Leine zu lassen. „Askan wird jagen, er geht jeder Spur nach", behauptete Sonja. Sie hatte nicht einmal schlechte Erfahrungen gemacht. Man hatte ihr als Ersthundebesitzerin lediglich eingeredet, dass alle Terrier Jäger sind.

Auch mit ihr ging ich auf unserem Gelände spazieren, nahm aber eine unserer Hündinnen mit, Candy. Ich überzeugte Sonja davon, dass Askan auf jeden Fall immer bei

(Foto: Tierfoto-agentur.de/Alexa P.)

Candy bleiben würde und stellte unter Beweis, dass Candy jedem meiner Rufe unverzüglich folgen würde.* Askan war die ganze Zeit über angeleint, Candy frei. Als ich spürte, dass Sonja mir glaubte, ließ ich sie Askan ableinen. Der freute sich über seine Freiheit und raste im Wald umher (Es handelte sich um unseren eigenen Wald, keine Jäger, keine Gefahren!).

Nach einigen Minuten des intensiven Gesprächs mit Sonja bat ich sie, Askan freundlich und freudig zu sich zu rufen. Sie kniete sich hin und rief nach ihrem Liebling. Der kam dem Ruf unverzüglich nach und Sonja

freute sich wie ein Kind, was sie Askan auch deutlich zeigte. Candy war nicht zu sehen. Erst als ich nach Candy rief, tauchte sie auf. Askan war also aus freiem Willen zu seinem Frauchen gekommen. Beide hatten dadurch ein äußerst positives Erlebnis: Sonja vertraute darauf, dass Askan ihr immer folgt und Askan folgte, weil Sonja sich sooooo sehr darüber freute. Wir wiederholten das „Spiel" an diesem Tag noch zweimal und in der Woche darauf auf einem anderen Gelände auch zweimal. Bei beiden hatten sich die positiven Gedanken tief eingepflanzt.

*Hier findest Du nun einen Widerspruch: Einerseits behaupte ich, dass ich niemals einen Hund ohne Grund rufen werde, niemals rufe, nur um das rasche Befolgen unter Beweis zu stellen – und nun das: Ich rufe Candy mehrfach, nur um zu beweisen, dass sie immer folgt! Ganz einfach: wir haben einige Hunde, die wir als „Therapiehunde für Hunde" einsetzen – Candy gehört dazu. Für diese Hunde ist es ein „Job", anderen Hunden und ihren Menschen zu helfen – sie tun diesen Job gerne und werden entsprechend „entlohnt".

Seither folgt Askan jedem Ruf seiner Menschen unverzüglich, egal, was ihn beschäftigt. Sonja ruft Askan allerdings niemals „nur so", sie gibt ihm immer einen Grund, zu folgen – sei es, dass der Spaziergang fortgesetzt wird, dass sie ein Spiel mit ihm beginnt oder dass beide einfach heimgehen.

Wie ist das alles nun möglich und wie können Gedanken über große Distanzen das Geschehen so sehr beeinflussen? Handelt es sich um Magie, Hokuspokus? Ist das spirituell? Spinnerei? Keineswegs. All das ist einfach ein Naturgesetz, das wir gerne verleugnen.

Ist es Dir nicht auch schon einmal passiert, dass Du intensiv an jemanden gedacht hast

und plötzlich ruft derjenige Dich an? Kennst Du das Gefühl, dass etwas geschehen wird – und dann trifft es ein? Hast Du schon einmal im Restaurant an einem Tisch gesessen und genau gespürt, dass jemand Dich anschaut – ohne dass Du es siehst? Haben sich Dir beim Anblick eines völlig Fremden schon einmal die Nackenhaare hochgestellt? Genau darum geht es bei der nonverbalen Kommunikation. Oft funktioniert das über große Distanzen.

Wir haben mit unseren zukünftigen Trainern folgenden Versuch gemacht: Vier zukünftige Trainer saßen mit ihren Hunden auf einer großen Wiese. Die Hunde waren dicht bei ihren Besitzern, jedoch unangeleint. Die Trainer-Anwärter hatten die Aufgabe, allein durch den festen Gedanken: „*Nein!*" ihre Hunde daran zu hindern, zu einem Bekannten zu laufen, der den jeweiligen Hund zu sich rief. Diesen Versuch führten wir einzeln durch und das Ergebnis war für den ei-nen oder anderen Teilnehmer erschütternd:

Hund A – Frauchen A:

Hund A springt auf, als der Ruf des Freundes erschallt. Frauchen A sitzt auf dem Stuhl, alle ihre Muskeln sind zum Bersten angespannt, sie konzentriert sich. Hund A geht zögernd zwei Schritte vor – Frauchens Muskeln spannen sich noch mehr an – ihr Gesicht ist vor Anstrengung verzerrt. Sie darf sich nicht bewegen, nur denken: „Nein!". Nach drei Minuten lässt ihre Konzentration nach – der Hund saust davon. Drei Minuten lang hat sie ihren Hund allein durch Gedanken gehalten, dann hat sie die „unsichtbare Leine" gelöst.

Hund B – Frauchen B:

Der Freund kommt, ruft. Hund B sitzt vor Frauchen B, Anspannung pur – er sitzt. Frauchen B konzentriert sich, jedoch längst nicht so angestrengt wie Frauchen A – sie schließt die Augen. Erst nach zehn Minuten und etlichen verzweifelten Rufen des Freundes löst sie die „unsichtbare Leine", atmet tief aus – Hund B rast davon.

Wo lag der Unterschied? Frauchen A war zu diesem Zeitpunkt noch nicht so weit. Da sie sich so furchtbar anstrengte, zögerte ihr Hund, ging aber nicht weg.

Frauchen B wusste bereits um dieses „Phänomen", hatte es aber nie wirklich ausprobiert. Sie ging jedoch viel lockerer an die Sache heran. Später erzählte sie mir, dass sie die Augen geschlossen und die Ohren auf „Durchzug" gestellt hätte und sich dann das Bild ihres vor ihr sitzenden Hundes vor Augen geführt hätte. Frauchen A hat nur mit aller Kraft immer wieder „*Nein!*", „*Nein!*", „*Nein!*" gedacht.

Bei den beiden anderen Teilnehmern funktionierte es nicht. Im Rahmen eines späteren Treffens und einer ähnlichen Übung schafften sie es dann auch. Sie hatten beim ersten Versuch gespürt, dass die Bindung zu ihren Hunden eben noch nicht so wirklich gefestigt war.

Noch einmal: Das hat nichts mit Hokuspokus zu tun – es ist nicht einmal wirklich Telepathie. Je stärker die Bindung zu Deinem Hund wird, umso stärker wird er auf Deine Schwingungen reagieren – *freiwillig*, denn mit Deinen Gedanken kannst Du ihn kaum gegen seinen Willen halten.

Das eigentliche Zauberwort, der Schlüssel zu allem, was wir erreichen wollen, lautet: Freiwilligkeit.
Ein Lebewesen, das etwas freiwillig tut, wird dieses gerne und mit vollem Einsatz tun. Ein Lebewesen, das zu etwas gezwungen wird, tut es unter Umständen auch, aber nur widerwillig.

Wenn Du jetzt mit Deinem Hund hinausgehst, ihn ableinst und Dir einbildest, dass er kommt, bevor der Bus ihn überrollt, nur weil

Du ihn gedanklich zu Dir zitierst, dann bist Du auf dem Holzweg. Sag Deinem Hund Lebewohl.

Jeder Weg – und sei er noch so lang – beginnt mit dem ersten Schritt: übe, übe, übe!

Ein Naturgesetz

„Es ist absolut möglich, dass jenseits der Wahrnehmung unserer Sinne ungeahnte Welten verborgen sind."

(Albert Einstein)

Diese Verbindung aus Gedanken ist also keine Spinnerei, hat nichts zu tun mit Esoterik und auch nichts mit der Art der „Tierkommunikation" wie sie aus den Medien bekannt ist. Es ist einfach ein Naturgesetz, dem wir folgen oder das wir ignorieren können. Dieses Gesetz besagt, dass alles im Universum aus Energie besteht. Jedes Möbelstück, jeder Baum, alles besteht letztlich aus Energie. Wenn Du einen Stuhl in kleinste Teile zerlegst, bleibt nach dem Atom noch die Energie. Energie strömt auch unser Gehirn aus – immerzu. Gehirnströme können gemessen werden, sind also Realität. Jeder Gedanke, bewusst oder unbewusst, ist reine Energie. Energie wird also freigesetzt und kann somit auch übertragen werden. Das gilt sowohl für positive als auch negative Energie. Es ist also reine Physik, eben ein Naturgesetz, wenn wir diese Energie nutzen, um in der zwischenartlichen Beziehung eine solide Basis der Verständigung zu erzielen – eine Verständigung, wie sie diffiziler kaum sein könnte.

Einfacher gesagt: Deine Gedanken und Gefühle bestimmen Deine Realität und die Deines Hundes.

Der Hund als Spiegel der menschlichen Seele

„Wenn sich im Paradies eine Menschenseele und eine Hundeseele begegnen, muss sich die Menschenseele vor der Hundeseele verneigen."

(Sibirisches Sprichwort)

Oft wird davon gesprochen, dass der Hund das Spiegelbild unserer Seele ist. Auch ich habe diesen Ausspruch im Kapitel „Bindung"

Bedenke immer: Du alleine bist verantwortlich für das Verhalten Deines Hundes.

gebraucht. Jetzt wollen wir uns einmal etwas tiefer damit auseinandersetzen. Erinnere Dich daran, dass Deine Gedanken und Gefühle Deine Welt kreieren und auch die Deines Hundes. Vorsicht – es könnte sein, dass Dir das, was jetzt kommt, gar nicht gefällt:

- Wenn Du einen Hund hast, der nervös ist, ängstlich, aggressiv, oder was auch immer, dann ist nur einer dafür verantwortlich: *Du!*
- Wenn Du einen Hund hast, der nicht kommt, wenn Du ihn rufst, dann ist nur einer dafür verantwortlich: *Du!*
- Wenn Du Dich auf Deinen Hund nicht verlassen kannst, wenn er wegläuft, Fremde anbellt oder gar angreift, wenn er vor Fremden davonläuft, „bockig" ist, dann ist nur einer dafür verantwortlich: *Du!*
- Wenn Dein Hund nervt, überreagiert, in manchen Alltagssituationen nicht zu halten ist, dann ist nur einer dafür verantwortlich: *Du!*

Erinnere Dich noch einmal an die Geschichte von Eva. Eva war eine liebe, aber sehr unsichere Person, die sich vor allem Möglichen und Unmöglichen fürchtete. Sie war extrem verkrampft im Umgang mit anderen und auch mit sich selbst. Und wie war ihr Hund Fibi? Das exakte Spiegelbild. Die Geschichte änderte sich erst, als ich Eva suggerierte, dass nichts passieren könne, dass sie mir voll vertrauen kann. Mit dem ersten Erfolgserlebnis wuchs Evas Selbstbewusstsein und Fibis ebenfalls.

Dieses Buch ist voll mit solchen Beispielen – Du musst nur einmal hinter die jeweilige Fassade schauen. Wir können die Tier- und Humanpsychologie nicht trennen. Genau deshalb gehen so viele Hundetrainings und Konsultationen bei Hundetherapeuten schief oder zeigen keine Wirkung. Zunächst muss der Mensch lernen, dann geht mit dem Hund alles wie von selbst.

Ein Beispiel aus meinem eigenen Leben:
Auch ich habe Zeiten, in denen ich schlecht drauf bin, alles vergesse, was ich über Hundeerziehung weiß. Zeiten, in denen wirklich alles schiefgeht, bis ich es schaffe, meine Gedanken und Gefühle wieder zu sortieren und in geregelte Bahnen zu schleusen. So erging es mir auch mit unserem Jack Russell Terrier Tony, einem typischen Vertreter seiner Art – immer lustig, immer zu Späßen aufgelegt, selbstbewusst wie ein großes Tier – eben ein totaler toller Jack. Leider auch ein Terrier, der gerne sucht und findet und der Langeweile hasst.

Wir waren auf einem Spaziergang – ich war, wie schon erwähnt, super mies gelaunt und hatte diesen Spaziergang mit meiner Tochter, Tony und Cisquo „angeleiert", um einfach auszuspannen. Die Hunde liefen unangeleint über eine große Wiese. Nach der

Wiese folgte ein Weg, dann eine weitere Wiese und dann ... die Straße. Wortlos und jeder in Gedanken versunken, schlenderten wir dahin. Plötzlich rannte Tony wie wild immer weiter von uns weg. Meine Tochter rief nach Cis und ich brüllte nach Tony .... Cis kam, Tony rannte, so schnell ihn seine Beinchen trugen, in die entgegengesetzte Richtung. Ich wurde stinkwütend und brüllte wie eine Irre: „Tony!!!!" Langsam bekam ich auch noch Angst, dass er über die Straße rennen könnte – Panik pur gemischt mit Wut.

Meine Tochter riet mir ruhig, endlich meine Gedanken und Gefühle zu ordnen und Tony ruhig zu rufen. Ich war jedoch so in meine Wut verstrickt, dass nichts mehr ging. Meine Tochter rief nach Tony – der kam ein Stück zurück. Jetzt war ich auch noch überzeugt, dass der „blöde Hund" auf mich „heute sowieso nicht hört". Tony kam auf wenige Meter heran und raste dann wieder in die entgegengesetzte Richtung. Meine Tochter machte eine „pampige" Bemerkung und ich explodierte, schrie sie an und provozierte einen Streit – Gott sei Dank! Sekunden später hatte ich mich wieder im Griff. Ich konnte meine Gefühle und Gedanken wieder sortieren und wieder positive Gefühle und Gedanken an Tony senden. Leise – viel zu leise für den großen Abstand – rief ich Tony. Der drehte sich zu mir um und kam angerannt, so schnell ihn seine kleinen Beinchen trugen. Er sprang mir auf den Arm, wedelte, leckte mich ab. Tränen stiegen mir in die Augen. Später stand ich vor dem Spiegel, dem richtigen aus Glas, schaute mich an: „Du blöde Kuh!"

(Foto: Tierfotoagentur.de/S. Schwerdtfeger)

Hier noch ein weiteres Beispiel:
Corinna hatte den Schäferhund-Collie-Mix Rocky. Den Hund hatte sie sich geholt, nachdem ihr erster Hund verstorben war. Corinna lebte mit ihrer Lebensgefährtin Regine in der Großstadt. Von Anfang an gab es Probleme mit dem Welpen. Er wurde von anderen Hunden gebissen, Gehorsam gab es gar nicht, stubenrein wurde er erst sehr spät, er verletzte sich laufend, war krank und sah den Tierarzt öfter als seine Frauchen. Die waren mit ihm sehr vorsichtig: Sie fütterten ihn nur mit Hirschfleisch und gekochtem Reis, weil sein Darm rebellierte. Er ging vorwiegend an der Leine, da er sonst weglief und sich verletzte.

Als Rocky zwei Jahre alt war, wurde er allmählich wirklich „sonderbar". Er ließ sich nach dem Baden nicht mehr abtrocknen, re-agierte zunächst ängstlich, später aggressiv. Dann ließ er sich nicht mehr bürsten – auch hier reagierte er zunächst ängstlich, dann aggressiv. Auch vor dem Anlegen des Brustgeschirrs hatte er Angst. Die Besitzerinnen fuhren von Hundetrainer zu Hundetrainer, von Tierpsychologe zu Tierpsychologe. Nichts half. Irgendwann eskalierte die Situation bei einem der Trainer derart, dass Rocky im Sprung eines seiner Frauchen in den Kragen ihres Mantels biss. Mittlerweile reagierte Rocky auch auf andere Hunde höchst aggressiv.

So kamen die drei bei uns an. Corinna, groß gewachsen und mit einem sehr aufgesetzten Selbstbewusstsein, Regine, klein, sehr nervös und ängstlich und Rocky, eine komplette Mischung aus beiden Frauen. Wir versuchten eine Woche lang alles, um die beiden Menschen „umzukrempeln". Die waren jedoch so sehr in ihre vielfältigen Probleme verstrickt, dass wir sie dort nicht herausholen konnten. Sie fühlten sich durch Rocky teilweise sehr eingeschränkt (denn Rocky konnte auch nicht alleine bleiben) und verglichen den armen Rocky immer mit ihrem früheren Hund, der natürlich in ihrer Erinnerung keinerlei Fehler gemacht hatte. Außer allen Problemen seiner Menschen bekam Rocky also auch noch zu spüren, dass er ihren Anforderungen nicht gewachsen sein konnte.

Die drei wollten eigentlich für drei Wochen bleiben – nach einer Woche schickte ich die Frauchen zurück in ihre Stadt und behielt Rocky erst einmal bei uns. Auf die Entfernung – uns trennten immerhin 1000 Kilometer – versuchte ich sie davon zu überzeugen, dass ihr Denken und Fühlen „umgekrempelt" gehört. Rocky bekam bei uns derweil einen Zwinger zwischen einer Hündin und einem Rüden, normales Hundefutter und, wie alle anderen unserer Hunde, regelmäßig frisches rohes Fleisch.

So ging es mehrere Wochen. Rocky hatte sich zwar in der Zwischenzeit an die anderen Hunde gewöhnt, mit der Hündin spielte er sogar manchmal, auch seine physische Gesundheit war bestens, aber jeden Abend riefen nach wie vor seine Frauchen an. Rocky reagierte extrem auf diese Telefonate, ob er dabei war oder nicht: mal aggressiv, mal mit Depression. Während ich eines Tages mit den Frauchen telefonierte, war Rocky mit unserer Tierpflegerin im Wald unterwegs. Sie erzählte mir später, dass er von einem Moment auf den anderen aufhörte zu spielen und missmutig neben ihr her trottete. Du siehst, auf

welch große Distanzen die Gedanken und Gefühle wirken.

So ging es nun einfach nicht weiter. Ich beschloss, die Telefonate zu unterbinden. Es kam, was kommen musste: Wieder mehrere Wochen später sollten die Frauchen ihren korrigierten Hund abholen. Rocky war in den ganzen Wochen ein normaler Hund gewesen, kam sofort, wenn wir ihn riefen, spielte mit anderen Hunden, ließ sich baden, abtrocknen, bürsten. Ich schickte alle drei allein ein Stück spazieren. Nach zehn Minuten kam Rocky zurück – alleine. Corinna und Regine sah ich auf einer großen Wiese etwa einen Kilometer entfernt. Er hatte wieder nach Regine geschnappt. Jetzt war sein Schicksal besiegelt: Er musste von diesen Frauchen weg. Lange Gespräche folgten, Rocky blieb also erst einmal bei uns, bis ein Zuhause bei anderen Menschen gefunden war.

Was war geschehen? Corinna und Regine liebten ihren Hund zwar, waren aber selbst voller Probleme, Selbstzweifel, Angst. Beide sahen die ganze Welt nur negativ: die anderen bösen Hunde hatten Rocky was angetan, die Trainer waren alle Nieten (stimmt gar nicht), die Welt war so schlecht, gemein und böse zu ihnen. Aus lauter Angst hatten sie auch Rocky „in Watte" gepackt, er durfte nicht mehr Hund sein. Alle negativen Gefühle und Gedanken hatten sich auf den Hund übertragen und in ihm, wie in den Frauchen, manifestiert. Da war allen dreien nicht mehr zu helfen. Die beiden Damen schafften sich auch keinen

neuen Hund mehr an. Sie kamen zu der Einsicht, dass ein Leben mit Hund für sie nicht das Richtige ist. Das ist einer der ganz wenigen Fälle, in denen wir dann zu einer Trennung raten – zum Wohle aller Beteiligten.

Doch keine Angst: wenn *Du* bereit bist, Dein Denken und Fühlen zu ändern, wenn *Du* bereit bist, Dir helfen zu lassen und wenn *Du* willst, dass Dein Hund und *Du* die perfekte phänomenale Beziehung haben, dann schaffst *Du* es auch. *Du* musst es nur wollen und tun! Dieses Buch kann Dir helfen, und zum Vertiefen gibt es ja noch unsere Kurse, Seminare, Workshops.

So einfach ist das

„Häufig ist die Prophezeiung die Hauptursache für das prophezeite Ereignis."

(Thomas Hobbes)

Jeder von uns hat schon von der „sich selbst erfüllenden Prophezeiung" gehört. Das heißt, wenn ich davon überzeugt bin, dass etwas nicht funktioniert, dann funktioniert es auch nicht.

Umgekehrt ist es natürlich genauso. Wenn ich von vornherein davon ausgehe, dass mein Hund auf Rufen nicht reagiert, überträgt sich diese negative Energie = Schwingungen auf den Hund. Der spürt etwas Negatives und reagiert unsicher. Die Folge: er zögert – der Mensch jedoch denkt jetzt: „Der ist ungehorsam." Die negativen Schwingungen werden verstärkt. Der Hund sieht nun gar keinen Grund mehr, dem Ruf zu folgen, denn er „ahnt" Schlimmes.

Umgekehrt funktioniert es auch: Ich gehe davon aus, dass mein Hund folgt, mein Ruf klingt schon positiver, die Energie, die ich aussende und auch die Schwingungen, die der Hund empfängt, sind positiv. Er freut sich auf seinen Menschen und folgt sofort. Jetzt ist es für uns wichtig, richtig zu reagieren. Wenn mein Hund auf meinen Zuruf angelaufen kommt, hocke ich mich nieder und freue mich „affig". Meine Mimik, Gestik, meine Gedanken und meine Worte sind pure Freude (ja, oft mache ich mich dadurch in der Öffentlichkeit zum Affen – na und – mein Hund ist es mir wert). Der Hund muss spüren, dass ich mich unbändig freue, wenn er kommt. Jede Sekunde seines Lebens muss er als Erstes immer spüren, dass ich ihn liebe – bedingungslos. Wenn ich dann mal schlecht drauf bin oder ihn strafen muss (ja, das kommt natürlich auch vor), nimmt er es mir nicht übel – meine Liebe steht immer noch über allem. Er weiß, ich liebe ihn – egal was geschieht. Die Liebe ist allgegenwärtig und vorrangig. Das funktioniert nur, wenn die Bindung zwischen Hund und Mensch eng ist, sehr eng.

Ein Kind, das „Mist" gebaut hat, bestrafe ich auch – trotzdem weiß es, was auch geschieht, an meiner Liebe zu ihm ändert es nichts. Sobald die Strafe verbüßt ist, ist alles vergessen.

Und hier haben wir ihn nun – den „Casus knacksus", den springenden Punkt – weshalb viele Mensch-Hund-Beziehungen nicht so wirklich funktionieren. Es fehlt der Hauptfaktor: Liebe. Viele haben Probleme mit dem Begriff „Liebe". Deshalb hier einfach ein-

Die sich selbst erfüllende Prophezeiung – Du glaubst daran, dass Dein Hund auf Zuruf kommt, er gehorcht, und Du freust Dich riesig.

mal die Definition aus dem Online-Lexikon „Wikipedia", die mir sehr gut gefällt: „… Ausgehend von dieser ersten Bedeutung wurde der Begriff in der Umgangssprache und in der Tradition schon immer auch im übertragenen Sinne verwendet und steht dann allgemein für die stärkste Form der Hinwendung zu anderen Lebewesen, Dingen, Tätigkeiten oder Ideen. Diese allgemeine Interpretation versteht Liebe also zugleich als Metapher für den Ausdruck tiefer Wertschätzung. Aber Liebe ist auch der stärkste Energiefluss …"

Genau das ist das Mindeste, was wir unseren Tieren entgegenbringen sollten. Schwerer ist es, einem Lebewesen bedingungslose Liebe entgegenzubringen, denn wir alle knüpfen immer Bedingungen und Erwartungen an unser Tun, ganz nach dem Motto: Ich liebe dich, jetzt lieb mich auch!

Wer es schafft, einem Lebewesen diesen Ausdruck tiefer Wertschätzung entgegenzubringen, *ohne* daran Erwartungen zu knüpfen, der muss sich um seine Beziehungen (hier spreche ich nicht nur von Hunden) keine Sorgen machen.

Eine Frage, die ich meinen Klienten und Seminarteilnehmern immer wieder stelle, ist die nach der Liebe: „Liebst Du Deinen Hund?" Oder: „Was empfindest Du für Deinen Hund?" Vor einiger Zeit bekam ich darauf die Antwort: „Ich mag meinen Hund sehr, bin fast schon verliebt in ihn." Dem Satz schloss sich dann eine Diskussion an, ob Tiere nicht weniger wert sind als Menschen. Meine Frage, wieso das so sein sollte, wurde jedoch bis jetzt nicht beantwortet.

Liebst Du Deinen Hund, ohne Erwartungen an ihn zu stellen? Dann seid Ihr auf dem Weg zu einer innigen Beziehung.

Wir könnten jetzt darüber philosophieren, denn meiner Meinung nach ist es genau das, was auch menschliche Beziehungen so oft scheitern lässt. Der Partner ist austauschbar – jede Beziehung besteht nur auf Zeit … Denke einfach einmal darüber nach.

Steine auf Deinem Weg – die menschliche Unzulänglichkeit

Wenn Du willst, was Du noch nie gehabt hast,
dann tu etwas, was Du noch nie getan hast.

(Nossrat Peseschkian)

Leider leben wir Menschen nicht ausschließlich im Hier und Jetzt – wir haben Sorgen, müssen arbeiten gehen, das Auto zur Reparatur bringen, kochen, putzen und vieles mehr. Uns belastet das Gestern und viele von uns belastet sogar das Morgen. Wir stecken voller Probleme und sind eigentlich nur sehr selten wirklich „gut drauf". Wir empfinden unsere Umwelt nicht gerade als positiv und es gibt wenig, was uns wirklich optimistisch stimmt. Wir sind oft launisch und für unsere Hunde nicht wirklich leicht zu durchschauen.

Ich habe einige Hunde hier, die gehen mir weiträumig aus dem Weg, wenn sie spüren, dass ich „schlecht drauf" bin – andere kommen gerade dann zu mir und versuchen, mich

Fakt ist: Wer seinem Hund nicht die Liebe entgegenbringt, die er verdient, der wird niemals eine solch innige Beziehung knüpfen können, die für die „unsichtbare Leine" nötig ist. Wer ein Tier als minderwertig betrachtet, der macht es „austauschbar", das Tier spürt das genau und macht demzufolge den Menschen „austauschbar". Bestenfalls bekommst Du dann ein Schüler-Lehrer-Verhältnis, eine Beziehung auf Zeit …

Menschliche Unzulänglichkeit – Dein Hund versteht nicht, warum er auf dem Hundeplatz „funktionieren" muss.

mal den Boxsack zu malträtieren, vor dem Spiegel Grimassen zu schneiden oder gar ein komplettes Fitness-Programm zu absolvieren. Wer mich kennt, der weiß, wie schwer mir das fällt. Es hilft aber. Denn wenn einer unsere miese Laune nicht verdient hat, dann ist es unser Hund (Tier). Tiere werden nur schwer damit fertig, wenn sie uns und unsere Reaktionen nicht verstehen.

Das ist auch mit ein Grund, warum diese reine „Hundeplatz-Erziehung" nicht funktioniert: Der Hund versteht überhaupt nicht, warum er jede Übung bis zum Umfallen wiederholen muss – er versteht nicht, warum er sich immer und immer wieder auf unseren Ruf (meist ist es ja ein Schrei) „Platz!" auf den Boden werfen muss, als würde er von einem Drachen überfallen. Er kann nicht verstehen, warum er auf einem eingezäunten Gelände immer wieder sitzen muss, während wir uns einige Schritte entfernen, nur um ihn dann wieder zu uns zu rufen. Für den Hund gilt das alles bestenfalls als menschliche Unzulänglichkeit – manche Hunde ertragen das geduldig ihr Leben lang, aber viele streiken dann auch irgendwann – und das bringt uns die sogenannten „Problemhunde" – die „verhaltensgestörten". Wenn wir ehrlich sind, müssen wir uns eingestehen, dass wir verhaltensgestört sind – wir sind die „Problemmenschen". Die „unsichtbare Leine" funktioniert nicht, wenn wir unsere Unzulänglichkeiten nicht in den Griff bekommen. Das kann ich aus schmerzhafter eigener Erfahrung sagen – Dir soll es Warnung und Anreiz sein, Dich, Deine Gedanken und Gefühle immer wieder zu überprüfen.

zu trösten. Meist hilft beides: Ich habe ein schlechtes Gewissen denen gegenüber, die mir aus dem Weg gehen und kann den treuen Augen derer, die mich trösten, nicht böse entgegentreten. Wir Menschen haben uns also angewöhnt, bei Übellaunigkeit zunächst ein-

Hierzu ein Beispiel aus der Praxis:
Irgendwann brachte eine unserer Klientinnen eine Freundin mit. Diese Freundin – Babsi – hatte sich als ersten Hund vom Züchter einen kleinen Tibet Terrier namens Bobby geholt. Babsi hatte sämtliche Hundeschulen und Trainer im Umkreis von etlichen Hunderten von Kilometern „durch" – ihr „Problem" mit Bobby wurde schlimmer und schlimmer: Er kam nicht auf Rufen und wenn er dann nach etlichen langen Minuten doch in ihre Richtung kam, blieb er immer mehrere Meter von ihr entfernt und raste davon, sobald sie versuchte, ihn „einzufangen". Das war entsetzlich, denn Babsi hatte sich so sehr einen Hund gewünscht, der sie bei ihren vielen sportlichen Aktivitäten begleitet (Joggen, Bergwandern, Schwimmen im Meer). Wenn der Hund dabei niemals von der Leine kann, ist das natürlich für beide kein Vergnügen.

Eines Tages lief wirklich gar nichts mehr – das Verhältnis der beiden bestand nur noch aus Misstrauen, Angst und Vorsicht. In dieser Situation kamen Babsi, Bobby, die kleine zierliche Tochter (5) und der Sohn (7) bei uns an. Das kurze Gespräch zwischen Babsi und mir möchte ich hier wiedergeben:
Ich: „Was habt Ihr für Sorgen?"
Babsi: „Der Hund kommt nicht, wenn ich ihn rufe."
Ich: „Und das ist alles?"
Babsi: „Nein, der Hund knurrt mich an."
Ich: „Ach?"
Babsi: „Ich habe Angst, dass er die Kinder beißt."
Ich: „Der Hund?"
Babsi: „Ja, der wird richtig böse."

(Foto: Tierfotoagentur.de/M. Häupl)

Ich: „Erzähl mal genauer."

Babsi: „Der Hund ist jetzt ein Jahr bei uns – wir haben ihn vom Züchter. Dort wurde uns gesagt, diese Rasse sei für uns das Beste, der Hund sei kinderlieb, leicht abzurichten und sehr sportlich. Am Anfang war ja noch alles gut, aber dann kam er nicht mehr, als ich ihn rief, also fing ich an, ihn jedesmal einzufangen. Es wurde immer schlimmer. Ein Jäger riet mir, ich solle ihm ein Kettenhalsband auf Zug umlegen, eine lange Leine dran machen und ihn, sobald er auf Rufen nicht sofort kommt, so kräftig ziehen, dass er auf den Rücken fällt."

Ich: „Stopp – hast Du das getan?"

Babsi, knallrot im Gesicht: „Zweimal. Dann tat er mir leid, er war ja erst vier Monate alt."

Ich (mühsam ruhig): „okay – erzähl weiter."

Babsi: „Seither wird es immer schlimmer. Ich war bei etlichen Trainern, jetzt kommt er, wenn überhaupt, nur auf zwei Meter an mich ran – sogar im Haus. Seit ein paar Wochen knurrt er mich an, wenn ich ihm etwas wegnehmen will."

Ich: „Wie verhält sich Bobby mit den Kindern?"

Babsi: „Noch tut er ihnen nichts, das wird sich aber sicher auch noch ändern."

Nun hatte ich endgültig genug gehört. Ist Dir etwas an dem Gespräch aufgefallen? Nicht? Babsi hat nicht ein einziges Mal ihren Hund beim Namen genannt. Und alles war sehr vorwurfsvoll: „Der Hund hat …"

Wir gingen also zunächst einmal auf unseren eingezäunten, einen Hektar großen Platz. Dort sollte Babsi ihren Bobby von der Leine lassen. Sie tat das und warf mir einen Blick zu, aus dem die nackte Verzweiflung sprach. Ich versprach ihr, Bobby einzufangen – und wenn es bis in die Nacht dauern würde (es war zehn Uhr in der Früh). Bobby entfernte sich nur ganz langsam, aber weiter und weiter. Er rannte nicht, er ging. Weiter und weiter. Er schnüffelte sich vor bis an den Zaun uns gegenüber – also mehrere Hundert Meter von uns entfernt. Nun

sollte Babsi ihn rufen. Sie tat das auch: „Bobby – Hiiiiier!" Bobby schaute sich um – und blieb, wo er war. Es dauerte fast eine halbe Stunde, bis Bobby dann auf zwei Meter an Babsi herankam. Babsi wollte ihn „einfangen" und warf sich ihm entgegen. Ich hatte genug gesehen, schickte Babsi vom Platz und bat die kleine Tochter, den Hund zu rufen. Sie zwitscherte mit ihrem kleinen Stimmchen: „Bobbyle – komm zu mir?" Du kannst Dir nicht vorstellen, was sich dann abspielte: Bobbyle schaute sich um, schaute, wo Babsi war und raste wie wild zu dem kleinen Mädchen hin. Die lachte laut und kraulte ihren Bobbyle.

Aus einiger Entfernung hatte Babsi zugeschaut, ich sah, wie ihr eine Träne über die Wange lief. Babsi hatte schnell verstanden.

Es folgten drei lange Gespräche – nur zwischen mir und Babsi, während die Kinder draußen unter Aufsicht meiner Tochter mit den Hunden (auch Bobbyle) spielten. Bei Babsi war eine gründliche „Gehirn- und Herzwäsche" notwendig. Schnell hatte sie jedoch eingesehen: Es war nicht „der Hund" – es war Babsi selbst, die „hat" … „Babsi hat" … nicht: „der Hund hat …".

Das Umdenken, das Gefühle Zulassen und Verstärken hat bei Babsi nur sechs Wochen gedauert – nach vier Monaten kam Bobby immer mit: zum Klettern, Joggen, Schwimmen – immer lief er ohne Leine mit, wartete sogar oft unangeleint irgendwo, bis sein Frauchen wieder kam. Angst gab es nicht mehr – mittlerweile gibt es einen zweiten Hund in der Familie, der ebenso wie Bobbyle überall mit darf und kann.

Warum war es überhaupt zu dem Problem gekommen?

Ähnlich wie bei Eva gab es irgendwann am Anfang eine Situation, in der Babsi abgelenkt war und Bobby nicht auf ihren Ruf kam. Sie rief also nochmals, diesmal aber mit der energischen Schwingung aus Ungeduld. Den Rest kennst Du ja. Die Situation schaukelte sich auf – je schlechter die Schwingungen waren, die Babsi ausstrahlte, umso schlechter ging es Bobby – der reagierte auf seine Weise. Nach dem sogenannten „Training" bei dem Jäger kam bei Bobby auch noch Angst vor Schmerz dazu. Natürlich wollte er sich dem nicht aussetzen und ging gar nicht mehr erst zu Babsi hin. Die wurde immer wütender und unsicherer …

So kann es gehen. Wenn man dann den Teufelskreis nicht krass unterbricht und umdenkt, sich selbst und seine Reaktionen und Aktionen „unter die Lupe" nimmt, formt man sich einen „Problemhund".

Das Jammer- und Schuldzuweisungsverhalten

Täglich erreichen mich E-Mails und Anrufe von wirklich verzweifelten Menschen, die alle beginnen mit: *„Der Hund hat Angst …, der Hund ist dominant …, der Hund folgt nicht …"* und anderen immer wiederkehrenden Worten.

Lange habe ich überlegt, ob ich die Menschen mit der Wahrheit konfrontieren soll. Ich tue es jetzt einfach in diesem Buch (da bin ich außerhalb der direkten Reichweite): Wir Menschen, die wir doch unsere Hunde so sehr lieben, sind immer blitzschnell mit unserem Urteil. Statt uns selbst einmal zu fragen, was wir im Umgang mit dem Hund falsch machen, schieben wir Schuld und Verantwortung auf den Hund und begraben uns in einem Jammerverhalten, das seinesgleichen sucht: „Ich würde ja, aber der Hund …". Ist das nicht eine großartige Entschuldigung für die eigene Unzulänglichkeit? Jetzt bist Du sicher geschockt – das ist gut so. Damit Du verstehst, was ich meine, erzähl ich Dir auch dazu eine wahre Geschichte:

Ein Beispiel aus der Praxis:

Ab und zu nehmen wir Hunde von Freunden zur Aufzucht auf, damit diese gut sozialisiert und an andere Hunde gewöhnt werden. So auch Mimei. Sie kam mit ihrer Halbschwester Shinya (meine Schäferhündin) und sollte etwa ein halbes Jahr bei uns bleiben. Ich habe normalerweise nie ein Problem damit, schnell eine Beziehung zu einem Hund aufzubauen. Wenn jedoch ein Hund auf Zeit bei uns ist, muss ich mich mit meinen Gefühlen zurückhalten. Das heißt, ich schaffe eine „halbe" Bindung zu dem jeweiligen Hund, damit wir uns nicht zu sehr aufeinander einspielen. Mimei war gerade 12 Wochen alt, als sie kam. Ich weiß nicht warum, aber mit Mimei hatte ich von Beginn an so meine Probleme – sie war so ganz anders als unsere Hunde –

ich kann den Unterschied nicht einmal genau erklären. Ich hatte sie gern, aber eine echte Bindung konnte ich nicht zu ihr aufbauen. Bestimmte Umstände sorgten dann dafür, dass Mimei bei uns blieb. Jetzt hatte ich ein wirkliches Problem: Durch meine teilweise sehr abweisende Haltung Mimei gegenüber war auch sie mir gegenüber nicht gerade aufgeschlossen: Zum Kraulen ging sie zu meinem Mann, wenn sie etwas „angestellt" hatte, versteckte sie sich. Und sie stellte viel an: klaute aus der Küche, urinierte wo sie ging und stand, bellte wie eine Irrsinnige, auch ohne jeglichen äußeren Anlass, zerbiss Möbel und war gierig auf Plastikflaschen, die sie auch überall auftrieb und dann leidenschaftlich zerstörte. Ich war genervt bis zum Umfallen und schimpfte fast nur noch mit ihr. Das tat unserer Beziehung natürlich nicht gut. Ich verfiel tatsächlich in das Jammer- und Schuldzuweisungsverhalten: „Mimei ist irre, die spinnt doch völlig, Mimei ist dumm …"

Je mehr ich mich bemühte, einen „Draht" zu ihr zu bekommen, umso verrückter wurde Mimei. Wann immer ich sie sah, hatte sie wieder irgendetwas angestellt. Zu allem Überfluss wurde sie auch noch krank und ich musste ihr täglich Spritzen und Medikamente verpassen, was unserer Beziehung mehr schadete als nützte. Da ich die Dinge, die mich störten, niemals aussprach, konnte mich auch niemand aus diesem Jammerverhalten herausholen. Man wunderte sich nur, welch merkwürdiges Verhalten wir beide miteinander an den Tag legten. Mimei war seit Langem der erste Hund, dem ich als Erstes „Sitz!" und „Platz!" abverlangte (sie macht es bis heute nicht und das ist nun fast ein halbes Jahr her).

Vor zwei Monaten dann kam die Wende: Mimei reagierte auf ein Medikament allergisch und wurde nun richtig krank. Sie konnte nicht richtig laufen, fiel teilweise um, hatte erhebliche Kreislaufprobleme und ich fuhr mit ihr in die Klinik. Während der bangen Zeit im Wartezimmer, in der sich die Tierärzte um Mimei kümmerten, hatte ich Muße nachzudenken. Ich war schuld, nur ich allein. Nun brauchte Mimei eine Bindung, eine ganz enge, sonst würde sie sich aufgeben. Ich sah ein, dass ich – wohl aus dem Gefühl heraus, dass ich sie doch irgendwann abgeben müsse – einfach emotional „dicht gemacht" hatte. Ich liebte sie, aber ich traute mich nicht, ihr das zu zeigen. Sie hatte alles getan, um meine Aufmerksamkeit zu erhalten, es war ihr sogar lieber, wenn ich sie ausschimpfte, als sie gar nicht zu beachten. Das arme Tier. Noch im Wartezimmer beschloss ich, dass – egal, was auch geschieht, Mimei für immer bei uns bleiben würde. Das Bewusstsein allein änderte schon meine gesamte Gefühlswelt. Endlich erlaubte ich mir selbst, Mimei so zu lieben wie unsere anderen Hunde, endlich öffnete ich mich und konnte eine Bindung zu Mimei herstellen. Mir ging es gleich besser. Aber was war mit Mimei? Es dauerte noch eine Stunde, bis der Arzt mich hineinließ. Was er mir dann erzählte, war erstaunlich: Mimei war fast gestorben. Sie musste wiederbelebt werden und niemand hatte geglaubt, dass sie durchkommt. Vor eineinhalb Stunden plötzlich kam offensichtlich der Lebenswille in den Hund zurück (beachte ein-

mal die Zeiten), sie kämpfte urplötzlich um ihr Leben, ließ sich nicht mehr „hängen". Als ich mit dem Arzt zu ihr kam, war Mimei noch schwach, sie robbte jedoch auf mich zu und vergrub ihren Kopf in meinem Arm. Das hatte sie noch nie getan. Mir liefen die Tränen über die Wangen.

Was soll ich noch sagen: Mimei ist wieder völlig gesund, sie hat seither nichts mehr angestellt und kommt, wenn ich am Computer sitze, um ihren Kopf in meinem Arm zu vergraben. Sie bleibt – und sie will bleiben, egal was geschieht. Unsere Bindung ist jetzt sehr eng und zum großen Teil funktioniert auch schon die „unsichtbare Leine".

Du siehst also, auch ich bin eben nur ein Mensch und flüchte mich gerne in das Jammerverhalten, nach dem Motto: *Ich* kann doch nichts dafür – der Hund ist …

Wenn Du einmal alle Geschichten hier liest, wirst Du erkennen, dass jede mit der ein oder anderen Art des Jammer- und Schuldzuweisungsverhaltens begann. Wenn wir aufhören, die Fehler bei anderen (das gilt nicht nur für Hunde) zu suchen, wird unsere Beziehung besser und enger. Wir müssen lernen, Gefühle zuzulassen und sie zu zeigen. Nur dann kann eine so enge Bindung und damit auch eine *Ver*bindung entstehen.

Wie sieht es denn bei Dir aus? Findest Du die Fehler bei Deinem Hund oder bei Dir? Bist Du in der Lage, Deinen Hund uneingeschränkt und bedingungslos zu lieben? Oder ist Deine Erwartungshaltung so, dass Du jedes Mal enttäuscht bist, wenn etwas nicht so funktioniert, wie Du es Dir vorstellst?

Leider höre ich auch immer wieder: „Ich kann das nicht, der Hund reagiert überhaupt nicht auf mich" und so weiter. Solche Sätze spiegeln das Jammerverhalten wider wie nichts anderes. „Ich kann nicht", heißt einfach: „Ich bin zu faul, mich damit auseinanderzusetzen". „Der Hund reagiert nicht auf mich", heißt einfach: „Das macht mir Arbeit, dazu bin ich nicht bereit". „Ich habe es versucht, aber ich schaffe es einfach nicht" heißt nichts weiter als: „Warum soll ich mich länger darum bemühen – mit Gewalt und herkömmlichen Methoden geht's doch schneller." (In dem Fall frage ich mich dann ernsthaft, warum die- oder derjenige zu mir kommt. Doch wohl deshalb, weil es eben *nicht* funktioniert hat.)

Ich gebe gerne zu, es ist das Schwerste, was man von uns Menschen verlangen kann: umdenken, fühlen und an sich selbst arbeiten. Ganz abgesehen davon, fällt es uns ja so

unsagbar schwer, uns selbst statt andere zu kritisieren. Es ist Arbeit – 24 Stunden am Tag – es tut uns weh und es ist anfangs furchtbar anstrengend. Besonders wenn man den Mut hat, sich wirklich selbst den Spiegel vorzuhalten und nicht andere Umstände, Vorgeschichten, die Umwelt, das Schicksal und so weiter für seine Fehler verantwortlich zu machen. Ich weiß sehr genau, wie schlimm das ist und wie schwer das ist. Ich weiß aber auch, wie glücklich man ist, wenn man es geschafft hat, wenn man mit seinem Hund (Mensch, Katze, Hamster ...) eine harmonische Beziehung führt, die *immer* und *überall* funktioniert und befriedigend ist wie nichts anderes. Diese innige Verbindung, die vereinzelte Leute sogar mit ihrem menschlichen Partner zustande bringen, gibt eine Sicherheit und ein Selbstwertgefühl, das einfach unbeschreiblich ist – man fühlt sich unbesiegbar.

Fasse jetzt und hier den Entschluss, mit Dir selbst zu beginnen und mit Deiner Umwelt, insbesondere mit Deinem Hund, eine unglaubliche, phänomenale Beziehung aufzubauen. Stürze Dich voller Elan in die Übungen und halte durch, so schwer es auch fallen mag. Was sind ein paar Wochen oder gar Monate Arbeit an Dir selbst im Vergleich zu einem ganzen Leben voller Harmonie und ohne Probleme?

Eine kleine Geschichte dazu, die ich gefunden habe:

Die Weisheit des Universums

Vor langer Zeit überlegten die Götter, dass es sehr schlecht wäre, wenn die Menschen die Weisheit des Universums finden würden, bevor sie tatsächlich reif genug dafür wären. Also entschieden die Götter, die Weisheit des Universums an einem Ort zu verstecken, wo die Menschen sie solange nicht finden würden, bis sie reif genug sein würden.

Einer der Götter schlug vor, die Weisheit auf dem höchsten Berg der Erde zu verstecken. Aber schnell erkannten die Götter, dass der Mensch bald alle Berge erklimmen würde und die Weisheit dort nicht sicher genug versteckt wäre. Ein anderer schlug vor, die Weisheit an der tiefsten Stelle im Meer zu verstecken. Aber auch dort sahen die Götter die Gefahr, dass die Menschen die Weisheit zu früh finden würden.

Dann äußerte der weiseste aller Götter seinen Vorschlag: „Ich weiß, was zu tun ist. Lasst uns die Weisheit des Universums im Menschen selbst verstecken. Er wird dort erst dann danach suchen, wenn er reif genug ist, denn er muss dazu den Weg in sein Inneres gehen."

Die anderen Götter waren von diesem Vorschlag begeistert und so versteckten sie nun die Weisheit des Universums im Menschen selbst.

(Verfasser unbekannt)

Das Nicht-Syndrom

Wann immer ich einen neuen Klienten frage, was er von seinem Hund erwartet, höre ich zunächst: „Er soll nicht ...; ich will nicht, dass ...; er soll aufhören mit ...."

Das ist das Nicht-Syndrom. Wir negativieren wie wild. Wenn ich weiter frage, kommt dann: „Ich will, dass mein Hund auf Kommando sitzt." – Fein, und warum? „Weil ... – keine Ahnung, ... damit er nicht ..." Auch das ist das Nicht-Syndrom. Und genau das liegt in der Natur des Menschen: Negativ sein, ja nichts Positives finden – Kontrollwahn gehört ebenso dazu wie das sogenannte kollektive Bewusstsein: Es machen alle so ...

Frage einmal einen Menschen, was sein Hund vor einem Jahr getan hat und worüber er (Mensch) sich riesig gefreut hat. Da kommt erst mal langes Schweigen und Nachdenken und dann, Stunden später vielleicht eine Antwort. Stellst Du aber die Frage, was der Hund vor einem Jahr getan hat, worüber er (Mensch) sich furchtbar geärgert hat, bekommst Du die Antwort nach wenigen Sekunden. Du siehst also, wie sehr wir in dieses Negativ-Denken verstrickt sind. Befreie Dich davon, denke, fühle und handle positiv. Schreibe ein „Positiv-Tagebuch", in das Du alle positiven Kleinigkeiten einträgst – lerne, das Positive zu schätzen und das Negative zu ignorieren. Wenn Du das schaffst, bist Du ein paar Stufen weiter auf der Leiter zur Harmonie.

Kind und Hund in Harmonie – Befreie Dich von negativen Gedanken!
(Foto: Tierfotoagentur.de/S. Schwerdtfeger)

Kollektives Bewusstsein

Du, ich, wir sind immer ganz entsetzt, wenn wir hören, dass wieder ein Tier irgendwo gequält wurde, wir drehen fast durch, wenn wir lesen, dass irgendwo ein Hund ein Kind gebissen hat. Wir lesen ständig von den verheerenden Zuständen in den ausländischen Tierheimen und anderen Gruselgeschichten.

Ist Dir eigentlich klar, dass wir durch das Lesen, dadurch, dass wir uns darüber aufregen, dadurch, dass wir daran denken, mit verantwortlich sind für diese Zustände? Mit jedem Gedanken nähren wir das Negative, es wird immer schlimmer. Ein sehr gutes Beispiel dafür ist die sogenannte „Kampfhund-Debatte": Immer schon gab es sogenannte „Kampfhunderassen", auch schon lange, bevor es unsere modernen Medien gab. Von Vorfällen mit diesen Hunden hörte man in jener Zeit nichts. Dann wurde in Hamburg ein Kind von einem Hund dieser Rasse getötet. Die Medien berichteten umfassend, Du konntest Dich den Aufsehen erregenden Berichten nicht entziehen – ewig lang wurde das Thema in allen Medien breitgetreten. Jeder, wirklich jeder, der des Lesens, Sehens oder Hörens mächtig war, erfuhr von dem Vorfall. Indem wir uns diese Informationen anschauten und anhörten, nährten wir mit unserer geistigen Energie das „morphische" (hypothetische) Feld „Kampfhunde". Was war die Folge? Ein Vorfall mit Hunden jagte den nächsten. Seit es in den Medien wieder ruhiger um dieses Thema geworden ist, sind die „Vorfälle" in unserem Bewusstsein ebenfalls wieder seltener geworden. Leider haben wir nun aufgrund der unseriösen Berichterstattung derart umstrittene Rassegesetze.

Schau Dich um – Du wirst unzählige Beispiele für diese These – für diese Realität – finden.

Die Schinkenspeck-Hilfe

Wir alle kennen die Situation: Da haben wir tagelang geübt, in jeder Lebenslage ruhig, positiv und gelassen zu bleiben und dann geschieht es: Unser Hund entfernt sich von uns – rennt auf eine „Gefahr" zu. Wir wollen gerade hysterisch losschreien – die Panik rollt sich in uns auf. Alles Gelernte ist schlagartig vergessen. Jedem geht es einmal so. Dann kam meine Tochter eines Tages mit der Schinkenspeck-Hilfe. Nein, denke jetzt nicht an Leckerchen – die brauchen wir nicht. Die Schinkenspeck-Hilfe ist für uns Menschen und essen kann man sie auch nicht: Schreibe Dir auf ein Band, dass Du am Arm trägst, folgenden Spruch: *„Wulle Wulle Schinkenspeck."*

Wann immer Du in eine prekäre Lage kommst, lies den Spruch laut vor. Du wirst sehen, wie das hilft. Du kannst diese Worte nicht laut aussprechen und gleichzeitig Pa-

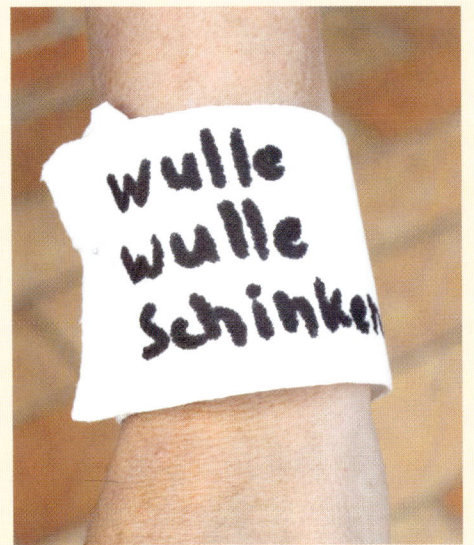

Das Armband mit dem Spruch hilft Dir, Spannung abzubauen und die nötige Ruhe zurückzugewinnen.

nik haben – es funktioniert einfach nicht. So-bald Du diesen Spruch sagst, entspannt sich Deine Atmung und Du kannst wieder klar denken. Dann atme tief durch und rufe locker nach Deinem Hund – er wird kommen. Versuch es mal! Denke bitte daran, es gibt nur einen Weg zum Erfolg: *tun!*

Reine Nervensache

„Das Wort Disziplin bedeutet lernen, nicht kontrollieren, unterwerfen, nachahmen und anpassen."

(Krishnamurti, Vollkommene Freiheit)

Nun gibt es eine Menge Dinge im Leben, die uns nerven: der Chef, das defekte Auto, das ewige Gebell unseres Hundes (grundlos natürlich – was hat der Köter bloß dauernd zu

„quatschen" …), das Genörgel unseres Partners (dann ist Hundegebell ja noch besser) und so weiter.

Auch unsere Hunde sind genervt: Vom merkwürdigen Lärm vor der Tür (Mensch, da ist wer, geh nachschauen), wenn Frauchen wieder mal das nötige Gassi gehen verzögert (Ich muss mal – jetzt komm endlich!), wenn er wieder nicht mit seinem Hundefreund spielen darf (Warum darf Hasso spielen und ich muss bei Dir bleiben?), vom Wind in den Bäumen (Ein komisches Geräusch, macht mich ganz zappelig.), die Maus im Garten (Was hat das Vieh da zu suchen?), von den Löchern, die er nicht graben darf (Sollen die Menschen doch mit ihren Maulwürfen glücklich werden.), vom guten Fleisch, das man nicht haben darf (Friss es halt selbst!) und, und, und …

Im Umkehrschluss nervt uns dann wieder der genervte Hund – ein Teufelskreis. Und dann soll man noch konzentriert an der Bindung und der „unsichtbaren Leine" arbeiten? Ja – und zwar gerade dann! Gerade, wenn wir alle völlig entnervt sind, sollen wir uns hinsetzen, unseren Hund streicheln, tief durchatmen und Ruhe bewahren. Wem das zu anstrengend ist, der lässt erst einmal „Dampf ab". Bei uns hilft der Boxsack – Deinem Hund hilft ein schneller Spaziergang (schnell im Sinne von schneller Bewegung, nicht im Sinne von „schnell wieder heim"). Die Faulen unter uns machen es dann wie ich, wenn ich keine Lust auf Boxen habe: ruhig hinsetzen, langsam von 100 (na ja, manchmal auch von 1 000 000) rückwärts zählen und tief durchatmen.

Nur Bindung schafft Verbindung

„Gefühle haben bedeutet, das Leben zu spüren und das Leben zu spüren bedeutet, am Leben zu sein."

(Verfasser unbekannt)

Du kannst Deinen Hund und sein Verhalten nun schon ganz gut verstehen, gibst Deinem Hund Vertrauen und Sicherheit und vor allen Dingen Liebe. Dann spürst Du auch, dass eine recht enge Bindung zwischen Dir und Deinem Hund besteht. Nun kannst Du beginnen, diese Bindung zur Verbindung wachsen zu lassen. Denke daran, Bindung – Verbindung – beides muss wachsen, das braucht Zeit, Geduld und – wieder einmal – Liebe.

Schau Dir noch einmal grafisch an, wie die Übertragung durch Schwingungen, Energie und letztlich durch Gedanken funktioniert:

Der Hund ist da und sein Mensch freut sich wie wild.

Der freundliche Gedanke.

Der Hund spürt den Gedanken und die positive Energie – er reagiert.

Zeichen des Respekts

In diesem Zusammenhang möchte ich noch etwas zum Thema „Höflichkeit" loswerden: Höflichkeit ist offenbar seit einigen Jahren nicht mehr gefragt, die Worte „danke" und „bitte" kommen einigen Menschen nur äußerst selten und sehr widerwillig über die Lippen. Wir sollten dieses Zeichen des Respekts wieder einführen – zumindest unseren Hunden gegenüber.

Wenn einer unserer Hunde etwas für mich tun soll, sage ich „bitte", wenn er es getan hat, bedanke ich mich auch dafür. So sage ich manchmal zwar nur: „Komm, setz Dich hin", dann aber in einem bittenden Ton. Oder ich sage: „Setz Dich bitte jetzt hin". Sitzt der Hund, vergebe ich mir nichts dabei, freundlich „danke" zu sagen.

Selbst wenn Dein Hund den Sinn dieser Worte nicht verstehen sollte (was ich nicht glaube), geben ihnen diese Formulierungen einen anderen Klang und in Dir spielt sich psychisch wirkliche Dankbarkeit oder wirkliches Bitten ab. In unseren Seminaren mache ich oft den „Stimmungstest": Erst begrüße ich die Teilnehmer mit kurzen Worten, dann gebe ich ihnen Befehle und lasse dabei jede Höflichkeit außer Acht: „Setzt Euch!", „Steht auf!", „Komm her!"… Erst nach einer halben Stunde in diesem Tonfall gehe ich zu meiner normalen Tonart über und frage die Teilnehmer, wie sie sich in der ersten halben Stunde gefühlt haben. Die Antworten brauche ich nicht aufzuschreiben – alle fühlten sich schlecht. Kaum fügt man die Worte „bitte" und „danke" an, lächelt ein wenig, macht mal einen Scherz, ändert sich schlagartig die gesamte Stimmung – fröhlich und unbekümmert wird diskutiert und gelernt. Warum also sollen wir unsere Hunde anders behandeln? Sie sind aufmerksamer und kooperativer, wenn sie in guter lockerer Stimmung sind.

Ein Beispiel aus der Praxis

Uwe, ein Hundenarr aus Leidenschaft und in
den Fünfzigern, kam mit Dackel Uzo zu uns,
weil er ein paar Tipps brauchte, damit sein
Uzo im Freien besser gehorcht. Uzo hatte die
Angewohnheit, auf kein Rufen mehr zu folgen, wenn er mit irgendetwas beschäftigt war.
Wir gingen zunächst auf unseren eingezäunten Spielplatz, wo Uwe den Dackel ableinte.
Anfangs traute Uzo sich nicht weit von seinem Herrchen weg – er blieb im Umkreis von
wenigen Metern. Erst als wir einen unserer
Hunde dazu ließen, wurde Uzo abgelenkt,
beschäftigte sich mit dem anderen Hund und
tobte mit ihm herum. Uwe rief – nicht die
kleinste Reaktion von Uzo. Erst als Herrchen
ins Sichtfeld von Uzo kam, rauschte er heran.

Wir probierten Einiges aus und mein An-
fangsverdacht erhärtete sich zunehmend:
Uzo war fast taub. Wir fuhren zu unserem Tierarzt, der die Diagnose bestätigte. Zunächst
war Uwe entsetzt, er dachte, es sei viel zu ge-
fährlich, den tauben Uzo von der Leine zu lassen. So könne der arme Hund nur in dem kleinen Garten frei herumlaufen, jammerte Uwe.
Ich belehrte ihn eines Besseren: Zwei Hilfs-
mittel waren nötig, das eine erfand ein Freund
von uns, das andere war die „unsichtbare
Leine".

Foto: Tierfotoagentur.de/J. Hutfluss

Die Erfindung war ebenso einfach wie geni-
al: Am Geschirr wurde ein kleines Gerät ange-
bracht, eine Art klitzekleine Haarbürste, die,
über Funk gesteuert, vibrierte. Diese Bürste
wurde so am Geschirr montiert, dass die Bors-
ten Richtung Fell zeigten. Uwe erhielt den
Sender, und wenn sich Uzo zu weit entfernte,
drückte Uwe nur auf einen Knopf – die Bürste begann ganz leicht zu vibrieren und Uzo
schaute sich zu Herrchen um. Der konnte ihn
dann mittels Handzeichen und Körpersprache
heranwinken. Nach kurzer Zeit funktionierte
dieses System bestens. Im Haus sollte Uzo
aber nicht ständig das Geschirr tragen. Also
übten wir mit Uwe, die „unsichtbare Leine"
zu benutzen, ebenso wie Du jetzt auch. Nach
einem halben Jahr konnten sich die beiden
ohne Worte, also über Mimik und Körperhaltung verständigen.

Uzo führt heute das Leben eines ganz normalen, glücklichen Hundes – immer in eng-
ster unsichtbarer Verbindung mit seinem ge-
liebten Herrchen.

Du siehst, alles braucht seine Zeit – gerade auf diesem Gebiet lässt sich gar nichts
erzwingen. Das Positive dabei ist: Wir werden täglich besser! Je schneller Du Dein Denken und Handeln umstellst, umso schneller
hast Du Ergebnisse. Bei manchen funktioniert das innerhalb weniger Tage, bei anderen dauert es Monate.

Ein weiteres Beispiel:

Die Geschichte ist bereits eine Weile her. Wir hatten immer schon unzählig viele Hunde, teils eigene, teils Tierschutzfälle, teils Hunde zur Betreuung. Bei der Menge kamen unsere eigenen, die „Haushunde", oft zu kurz. Gerade zu unserer Alaskan Malamute Hündin Ayumi Chan war meine Verbindung nicht wirklich optimal. Wir liebten uns, kein Zweifel, es bestand auch von Beginn an (wir hatten sie mit acht Wochen von der Züchterin bekommen) eine enge Bindung – aber von einer Verbindung konnte keine Rede sein. In ihrer damaligen Sturm-und-Drang-Zeit fand Ayumi eines Tages den Weg nach draußen. Immer schon war es ihr liebstes Hobby gewesen, im Wald herumzustromern und nach Mäusen zu jagen. Nun war sie also weg.

Wir schwärmten aus, um Ayumi zu suchen. Telefonisch hatten wir sämtliche Jäger in unserem Gebiet um Hilfe gebeten, die hatten auch alle zugesagt und suchten ebenfalls nach unserem „Grautier". Ab und zu kam ein Anruf: „Ich habe euren Hund gesehen, sie kam aber nicht, sondern lief gleich wieder weg." So konnten wir feststellen, dass sie sich im Bereich von wenigen Kilometern um unseren Hof herumtrieb. Wir sahen sie allerdings nirgends – Ayumi war nun schon über sechs Stunden verschwunden. Das hatte sie noch nie gemacht. Gegen 21 Uhr hatte meine Tochter dann die Nase voll: „Konzentriere Dich endlich und hol sie her, statt sie noch weiter im Wald herumrennen zu lassen", keifte sie mich an. Tja, nun wusste ich endlich, was es heißt, wenn man „sich vergisst"… Ich ging ins Haus, suchte mir einen stillen Platz und konzentrierte mich auf Ayumi. Ich malte mir aus, wie sie durch unser Tor gerannt kam und bat sie, ganz leise, nun endlich nach Hause zu kommen. Mein Mann hielt Wache am Tor – zehn Minuten später rauschte Ayumi herein, hinter ihr das Auto unseres Fleischers. Der hatte sie gesehen, wie sie auf einmal aus dem Wald gerast kam und am Straßenrand, brav auf der linken Seite, Richtung Heimat lief. Er blieb mit seinem Auto hinter ihr, damit ihr auch ja nichts geschehen konnte – es war bereits völlig dunkel. Wir alle begrüßten unsere Ausreißerin herzlichst und fielen ihr vor Freude um den Hals.

(Foto: Tierfotoagentur.de/S. Gervelis)

Hier noch ein letztes Beispiel:

Zu unserem Schäferhund-Mix Luzifer hatte ich von Anfang an ein besonderes Verhältnis. Er ist ein Sohn von Candy, unserer Hunde-Therapie-Hündin, bei uns geboren und aufgewachsen. Eines Tages waren wir gezwungen, uns für einige Monate von Luzifer und Ayumi zu trennen. Sie lebten bei einer Freundin, die kontinuierlich mit uns in Verbindung stand, während wir durch die „Weltgeschichte" reisten. Es ging uns manchmal sehr schlecht – wir hatten Sehnsucht nach den beiden. Unsere Freundin rief regelmäßig gerade dann bei uns an, um uns zu trösten. (Meist waren wir an die 1000 Kilometer von ihr entfernt.) Woher sie wusste, dass es uns schlecht ging? Ganz einfach: Luzifer war in diesen Zeiten unruhig und kotete in der Wohnung (was ganz und gar nicht seine Art war). Ging es uns gut, ging es auch ihm gut und er zeigte sich freundlich und fröhlich.

Hilfreiche Tests

„Wie herrlich ist es, dass niemand auch nur eine Minute zu warten braucht, um damit zu beginnen, die Welt zu verändern."

(Anne Frank)

Nun können wir also gemeinsam beginnen, unsere kleine Welt zu verändern. Du hast alles abgeschüttelt, was man Dir bis jetzt eingebläut hat? Du kennst Deinen Hund, weißt, dass er eben anders ist, deshalb aber nicht dumm oder stur? Du hast den festen Willen, mit Deinem Hund diese geheimnisvolle Verbindung einzugehen, die alle anderen bald vor Neid erblassen lässt? Du bist also bereit, Dein Denken, Handeln und Fühlen zu verändern? Du hast nicht nur den Willen, sondern auch den nötigen Schuss Humor und Selbstkritik, alles Bisherige auf den Kopf zu stellen? Du bist fähig, Dich über die Sprüche der anderen hinwegzusetzen? Du hast alles vergessen, was bisher war – was man Dich gelehrt hat?

Dann bist Du bereit für die nachfolgenden Tests, die Dir zeigen, wie es mit der Bindung aussieht.

Bindungstest Teil 1 –
Deine Bindung zu Deinem Hund

**Beantworte ganz ehrlich
die folgenden Fragen:**

1 Wenn Du schon vorher einen Hund hattest, der gestorben ist, vergleichst Du Deinen jetzigen Hund mit ihm?

Ja (0 Punkte) Manchmal (5 Punkte) Nein (10 Punkte)

2 Warst Du, nachdem Du Deinen Hund bekommen hast, mindestens zwei Wochen bei ihm zu Hause?

*Ja (10 Punkte) Nicht ununterbrochen (5 Punkte)
Nein (0 Punkte)*

3 Verbringst Du täglich eine gewisse Zeit ausschließlich und intensiv mit Deinem Hund (Training zählt nicht)?

Ja (10 Punkte) Manchmal (5 Punkte) Nein (0 Punkte)

4 Gibt es bestimmte Rituale zwischen Dir und Deinem Hund (abendliches gemeinsames Musik hören, Kuschelstunden u. Ä.)?

Ja (10 Punkte) Manchmal (5 Punkte) Nein (0 Punkte)

5 Spielst Du mit Deinem Hund, wenn er zu Dir kommt und Du eigentlich keine Lust hast?

Ja (10 Punkte) Manchmal (5 Punkte) Nein (0 Punkte)

6 Wenn Dein Hund sich verletzt oder weh tut, kommt er dann unaufgefordert zu Dir?

Ja (10 Punkte) Manchmal (5 Punkte) Nein (0 Punkte)

7 Hast Du Deinem Hund schon einmal nur aus Spaß etwas „Sinnloses" beigebracht (z. B. Pfote geben, winken, Türen schließen o. Ä.)?

Ja (10 Punkte) Manchmal (5 Punkte) Nein (0 Punkte)

8 Zeigst Du Deinem Hund deutlich, dass Du ihn liebst?

Ja (10 Punkte) Manchmal (5 Punkte) Nein (0 Punkte)

9 Wenn Dein Hund gekrault werden will, tust Du das dann oft oder eher selten?

*Meistens (10 Punkte) Manchmal (5 Punkte)
Nie (0 Punkte)*

10 Lässt Du Deinen Hund so oft wie möglich mit anderen (Hundefreunden) spielen?

*Ja (10 Punkte) Mein Hund hat keine (5 Punkte)
Nein (0 Punkte)*

11 Kennst Du die Vorlieben Deines Hundes (Futter, Spielzeug, Spielkameraden, Menschen)?

*Ja (10 Punkte) Die meisten (5 Punkte)
Nein, bin oft überrascht (0 Punkte)*

12 Sagst Du Deinem Hund, wenn Du fort gehst und wann Du ungefähr zurück kommst?

Ja (10 Punkte) Manchmal (5 Punkte) Nein (0 Punkte)

13 Empfindest Du Deinen Hund als Bereicherung Deines Lebens?

Ja (10 Punkte) Manchmal (5 Punkte) Nein (10 Punkte)

Ergebnis:
100 – 130 Punkte:
Ideal

80 – 100 Punkte:
Ein bisschen musst Du noch an Dir arbeiten.

Weniger als 80 Punkte:
So kann man noch keine Verbindung aufbauen –
überdenke alles noch einmal in Ruhe.

Bindungstest Teil 2 –
Die Bindung Deines Hundes zu Dir

**Beantworte ganz ehrlich
die folgenden Fragen:**

1 Verfolgt Dein Hund oft jede Deiner
Bewegungen mit den Augen?

Ja (10 Punkte) Manchmal (5 Punkte) Nein (0 Punkte)

2 Reagiert Dein Hund richtig, wenn Du auf
eine seiner Bitten (Futter, Frauchen?)
nur leicht den Kopf schüttelst?

Ja (10 Punkte) Manchmal (5 Punkte) Nein (0 Punkte)

3 Kommt Dein Hund zu Dir,
wenn ihn etwas erschreckt?

Ja (0 Punkte) Manchmal (5 Punkte) Nein (10 Punkte)

4 Kannst Du Deinen Hund am ganzen Körper
berühren, ohne dass er wegzuckt?

Ja (10 Punkte) Manchmal (5 Punkte) Nein (0 Punkte)

5 Sucht Dein Hund immer und überall
(außer beim Spiel) Deine Nähe?

Ja (0 Punkte) Manchmal (5 Punkte) Nein (10 Punkte)

6 Besuch kommt – Dein Hund freut sich und
begrüßt den Besucher überschwänglich.
Währenddessen verlässt Du wortlos den
Raum – folgt Dein Hund Dir unverzüglich?

Ja (10 Punkte) Manchmal (5 Punkte) Nein (0 Punkte)

7 Du liegst auf dem Sofa und liest oder
schaust fern – kommt Dein Hund und
lässt sich streicheln?

Ja (10 Punkte) Manchmal (5 Punkte) Nein (0 Punkte)

8 Du fällst hin und liegst reglos auf dem
Boden. Kommt Dein Hund sofort zu Dir
und schaut nach, was Dir fehlt?

Ja (10 Punkte) Manchmal (5 Punkte) Nein (0 Punkte)

Ergebnis:
Erst wenn Du diese Fragen uneingeschränkt mit
„ja" beantworten kannst, ist auch die Bindung
Deines Hundes zu Dir stark genug, um mit den
Übungen fortzufahren. Wenn nicht, dann fehlt
noch ein bisschen Vertrauen – arbeite zunächst
daran.
Wenn Du festgestellt hast, dass Eure Bindung
zueinander völlig passt, kannst Du mit den
Übungen zur „unsichtbaren Leine" beginnen.

Knüpfe die unsichtbare Leine

„Die Menschen glauben viel leichter eine Lüge, die sie schon hundertmal gehört haben, als eine Wahrheit, die ihnen völlig neu ist."

(Alfred Polgar)

Ein paar Worte noch vorab: erwarte keine Wunder, was aber nicht heißt, dass Wunder nicht geschehen – *Du* musst Dich und Dein Denken umstellen, das ist harte Arbeit und dauert seine Zeit. Je mehr *Du* an Dir arbeitest, umso schneller gibt es Ergebnisse. Aber: Je intensiver *Du* Dich unter Erfolgszwang

setzt, umso weniger Ergebnisse wirst Du erzielen. Also: Nimm es locker – take it easy – dann geht es los!

So sieht der Anfang aus

Setz Dich gemütlich irgendwo hin, lass Deinen Hund tun, was immer er will. Setz Dich so hin, dass Du ihn sehen kannst, starr ihn aber nicht an. Wenn Dein Hund mit irgendetwas beschäftigt ist und Dich nicht beachtet, beginnst Du mit der Übung:

Schau Deinen Hund an, denk ganz liebevoll an ihn, erinnere Dich an lustige Dinge, die ihr beide erlebt habt. Dein Hund wird nach kurzer Zeit zu Dir hinschauen – tu weiter nichts als ihn anzulächeln. Sollte er zu Dir kommen, freu Dich, streichle ihn und lass ihn wieder gehen.

Wiederhole diese Übung frühestens nach einer Stunde noch einmal – dreimal am Tag reicht für den Anfang.

Der zweite Schritt

Wieder setzt Du Dich ganz ruhig und möglichst entspannt hin. Versuche nicht, an nichts zu denken – das funktioniert nicht, denke lieber an etwas Angenehmes. Vielleicht hilft Dir Deine Lieblingsmelodie, nur so laut, dass Du sie gerade mit etwas Anstrengung wahrnehmen kannst. Deinen Hund lass tun, was er tun will. Wenn er zu Dir kommt, streichle ihn kurz und lass ihn dann wieder gehen. Der Hund kann sich auch zu Dir legen oder vor Deine Füße, wie er will. Spielen steht jetzt nicht auf dem Programm. Wenn Dein Hund

Konzentriere Dich voller Liebe und ungestört auf Deinen Hund und beobachte ihn.

keine Ruhe gibt, spielt Ihr zunächst und übt dann. Ihr solltet beide entspannt sein – Störungen von außen schließe möglichst aus (Telefon und Klingel mal abschalten).

Du hast es jetzt also richtig gemütlich? Gut. Dann konzentriere Dich jetzt mal auf Deinen Hund – schau ihn ruhig und liebevoll an, betrachte ihn ganz genau, so als müsstest Du ihn nachher aus dem Kopf zeichnen. Präge Dir sein Aussehen ganz genau ein. Dein Hund wird über kurz oder lang zu Dir schauen – dann schau weg. Wenn er kommt, streichle ihn und lass ihn wieder gehen. Wenn Du ihn Dir genau eingeprägt hast, dann schließe die Augen und versuche nun, Dir Deinen Hund genau so vorzustellen, wie Du ihn eben beobachtet hast. Kannst Du Dich an jede seiner Bewegungen erinnern? Nein? Klar, weil Du nur auf sein Äußeres konzentriert warst. Aber sicher kannst Du ihn nun vor Deinem geistigen Auge genau sehen – richtig? Wenn nicht, macht es auch nichts (ich selbst bin auch kein visueller Typ), dann kannst Du ihn aber spüren – Du weißt, wie er aussieht und könntest ihn – wärst Du ein visueller Typ – genau zeichnen.

Jetzt hast Du diese Aufgabe erfolgreich gemeistert. Mach jetzt erst einmal eine Pause – löse die Spannung in Dir, löse die Konzentration.

Das mag Dir jetzt alles etwas suspekt erscheinen, keine Sorge, wir werden trotzdem nicht esoterisch. Die ersten Übungen dienen lediglich der Konzentration. Du kannst auch meditieren oder sonst etwas unternehmen, was Deine Konzentration schult. Machst Du es aber auf diese Weise,

wirst Du immer wieder spüren, wie Dein Hund auf einmal aufmerksam wird, Dich anschaut oder gar zu Dir kommt. Das sind die ersten Erfolgserlebnisse. Merke sie Dir gut. Ideal ist, wenn Du alles genau aufschreibst – führe eine Art „Positiv-Tagebuch", in dem Du nur die Erfolge niederschreibst. Sollte einmal etwas nicht so funktionieren, wie Du es dir vorstellst, nimmst Du dieses Tagebuch zur Hand, liest Dir die Erfolge durch und Du wirst positiv überrascht sein, wie schnell alles funktioniert!

Achte dabei auf jede Kleinigkeit, jede noch so winzige Veränderung in Eurem Verhältnis, im Verhalten Deines Hundes. Lerne, die Erfolge zu sehen! Und bedenke:

„Das Wesentliche ist für das Auge unsichtbar."

(Antoine de Saint-Exupèry)

Den Hund fühlen

Der dritte Schritt

Nun wird es etwas schwieriger. Setz Dich hin, schließe die Augen – weißt Du, was Dein Hund gerade tut? Schaut er Dich an, schläft er, bewegt er sich – wie bewegt er sich, bewegen sich seine Rute, seine Augen, sein Fang? Zuckt ein Fuß? Versuche, Deinen Hund mit geschlossenen Augen zu fühlen – ab und zu darfst Du kurz schauen, ob Dein Gefühl, Deine Vermutung stimmt. Dann aber gleich wieder die Augen schließen und weiter fühlen …

Du darfst bei dieser Übung all Deine Sinne, außer Deinen Augen, einsetzen. Du darfst hinhören, riechen, darfst auch tasten, wenn Dein Hund nahe bei Dir ist. Nach und nach kannst Du einen Sinn nach dem anderen „ausschalten" und Du wirst trotzdem wissen, was Dein Hund gerade tut. Es kann sein, dass Dein Hund auf Deine Übungen reagiert und zu Dir kommt. Schick ihn dann nicht weg – kraule ihn und übe weiter. Versuche, Dich zu konzentrieren – richte alle Sinne (außer die Augen) auf Deinen Hund.

Erwarte nicht, dass diese Übung gleich funktioniert. Du solltest das mehrmals täglich kurz, für höchstens fünf Minuten, trainieren. Irgendwann klappt es und schon hast Du wieder ein Stück der unsichtbaren Leine geknüpft. Wenn es funktioniert, dann kannst Du bald alles tun, Du wirst trotzdem immer wissen, was Deinen Hund gerade beschäftigt. Dann bist Du in der Lage, frühzeitig zu reagieren, wenn eine „Gefahr" droht. Selbst wenn Du mit anderen Menschen sprichst und Dein Hund einige Meter entfernt ist, wirst Du trotzdem immer ein Stück auf Deinen Hund konzentriert sein. Du spürst, wenn er sich zu weit entfernt. (Das wird, wenn die „unsichtbare Leine" fertig ist, schon wegen der gedanklichen *Ver*bindung nicht mehr geschehen.)

Ein Beispiel aus der Praxis:
Wir waren in einer kleinen Gruppe in einem dichten Wald unterwegs: drei Menschen, drei Hunde. Alle Hunde waren abgeleint und schnüffelten sich durch den Wald, etwa 50 Meter von uns entfernt. Candy, meine Mix-Hündin, ist Sammlerin aus Leidenschaft. Sie spürt alles auf, was so nicht in den Wald gehört und bringt es mir. Leider gehört auch mal ein Kadaver zu ihrem Sammelsurium und das mag ich gar nicht. Während wir so durch den Wald schlenderten, erklärte ich der Gruppe etwas und wir waren recht schnell in eine Diskussion vertieft. Die Hunde verteilten sich nun irgendwo im Unterholz. Plötzlich rief ich nur: „Pfui!". Ich spürte, dass Candy etwas aufnehmen wollte, was mir nicht passt. Die anderen schauten mich entgeistert an – was war jetzt los? Candy kam an und führte uns an die Stelle, von der ich sie weggerufen hatte – dort lag ein Rest von einem toten Hasen …

Nun ist es nicht so, wie von manchen „Tierkommunikatoren" beschrieben wird, dass ich das Aas geschmeckt oder gerochen hätte – igitt! Nein, ich war nur immer noch auf Candy konzentriert, obwohl ich mit den anderen im Gespräch war. Es war ein Gefühl, ein recht unbestimmtes. Da ich Candy aber genau kenne, wusste ich dieses Gefühl zu deuten – und „Pfui!" passt in der Situation auf Candy immer. Ich spürte nicht, dass sie Aas gefunden hat, es hätte auch etwas anderes Ekliges sein können. Bei mir ist es reine Gewohnheit, immer mit einem Teil von mir auf den Hund konzentriert zu sein. Dabei ist es auch egal, ob es sich um meinen oder einen fremden Hund handelt.

Bei einem fremden Hund schaue ich automatisch immer wieder hin, was leider viele meiner „Klienten" mit ihren eigenen Hunden nicht tun. Es ist reine Übung, sich auf mehr als eine Sache konzentrieren zu können. Im Zusammenleben mit Hunden ist dies aber von absoluter Notwendigkeit. Unsichtbare Leine hin oder her – Konzentration auf den Hund ist erste Pflicht! Die Verbindung aus Gedanken ist quasi die Vollendung und erleichtert nachher die Sache sehr, dann kann ich mich auf mein Gefühl verlassen, das mir rechtzeitig sagt, wenn etwas nicht stimmt. Bis es soweit ist – übe die Konzentration.

Praktische Übungen zur Verstärkung der Konzentration und der eigenen Wahrnehmung

Erste Übung: Schließe die Augen und fühle Deinen Hund wie oben beschrieben. Wippe dabei mit dem rechten Fuß viermal, dann mit dem linken Fuß fünfmal – immer im Wechsel – übe das etwa drei Minuten lang. (Du kannst den Wecker stellen, damit Du Dich nicht auch noch auf die Zeit konzentrieren musst.). Weißt Du trotzdem, was Dein Hund gerade tut? Welche Gliedmaßen er bewegt? Wo und wie er liegt? Hechelt er? Zuckt irgendetwas? Hat er die Augen offen oder geschlossen?

Tipp

Wenn Du es einrichten kannst, lass eine Videokamera mitlaufen und zeichne die Bewegungen Deines Hundes auf. Das erleichtert die spätere Kontrolle.

Zweite Übung: Genau wie in der ersten Übung, jedoch wippst Du jetzt nicht nur mit den Füßen, sondern sagst dabei auch noch diesen Satz laut auf: *„Wohin Du auch gehst – ich gehe mit Dir!"*

Es ist ganz schön schwer, sich auf so viele Dinge gleichzeitig zu konzentrieren, nicht wahr? Je öfter Du die Übungen wiederholst und auch sonst an Deiner Konzentrationsfähigkeit arbeitest, umso leichter wird es Dir fallen. Bitte wiederhole alle Übungen, auch die nachfolgenden, über eine ganze Woche geduldig und täglich.

Dritte Übung: Jetzt wird es etwas einfacher, schule Deine Wahrnehmung und Aufmerksamkeit:

a.) Gehe mit offenen Augen und Ohren spazieren. Achte dabei auf jede Kleinigkeit: auf Pflanzen, auf kleine Tiere, auf andere Menschen. Nimm so viele Details wie möglich wahr.

b.) Achte verstärkt auf die Körpersprache anderer Leute, wenn Du Dich mit ihnen unterhältst. Beobachte die Armhaltung, Gestik und Mimik anderer Menschen.

c.) Versuche ganz bewusst, zwischen Deinen Interpretationen und tatsächlichen Beobachtungen zu unterscheiden. Du beobachtest zum Beispiel, wie sich jemand an die Nase fasst und Du denkst, dass er jetzt lügt. Deine Beobachtung war: Er fasst sich an die Nase. Deine Interpretation: An die Nase fassen heißt, zu lügen. Diese Interpretation kann zutreffen, sie muss es aber nicht.

d.) Achte bei der nächsten Talk-Show im Fernsehen einmal ganz genau auf den Tonfall und die Stimme der beteiligten Sprecher. Nimm die unterschiedlichen Stimmcharakteristika wahr.

e.) Achte verstärkt auf Deine eigene Körpersprache – passen Gesten, Mimik und Körperhaltung zu Deinen Worten, zu Deinen Gedanken?

Hast Du alle Übungen gemacht? Regelmäßig? Bist Du in der Lage, im Umgang mit Deinem Hund positive Schwingungen auszusenden? Hast Du Deine Gefühle und Gedanken im Griff?

Dann kannst Du Deinen Hund bald mit Deinen Gedanken leiten. Wenn Du nun verstehen willst, was das alles zu bedeuten hat und wie sich dieses Prinzip auf Dein ganzes Leben auswirken kann und sollte, dann lies jetzt das nächste Kapitel: LOA für Menschen und die Auswirkungen auf den Hund.

Zu guter Letzt

Das LOA-Prinzip

„Alles, was wir sind, ist ein Resultat dessen, was wir gedacht haben."

(Buddha)

Dieser Satz von Buddha erklärt ganz schlicht und einfach, worum es geht und was ich auf den ganzen vorherigen Seiten erklärt und bewiesen habe: das LOA-Prinzip.

LOA = Law of Attraction = Gesetz der Anziehung

Das bedeutet im Grunde nichts anderes, als dass wir uns unsere ganze Welt durch unser Denken erschaffen. Erinnere Dich an das Beispiel mit der „Kampfhunde-Debatte" und die sich selbst erfüllende Prophezeiung! Der Ursprung von allem sind unsere Gedanken und, noch wichtiger, die Gefühle, die wir aussenden.

Nichts reflektiert unsere Gefühle und Gedanken so deutlich wie der Hund. Je mehr Du Dich mit den beschriebenen Übungen beschäftigst und je mehr Du darauf achtest, was wann wie geschieht, umso mehr wirst Du sehen, wie gültig das LOA ist. Das gilt für alles in Deinem Leben, aber hier geht es uns nur um Dich und Deinen Hund (Zur Verdeutlichung siehe Grafiken Seite 68).

Das ist der Grund für die großen Missverständnisse, wir ignorieren einfach sehr viele Schwingungen unserer Umwelt großzügig. Sicher hast Du auch schon einen Freund oder eine Freundin getroffen und auf große Distanz bereits gemerkt, dass er oder sie Kummer hat oder schlecht gelaunt ist? Das spürst Du manchmal sogar, ohne den anderen zu sehen oder zu hören. Dann hattest Du einen jener seltenen Momente, in denen Du andere Schwingungen nicht nur wahrgenommen, sondern sogar richtig wahrgenommen hast. Wenn Du nun einmal nachdenkst und ehrlich zu Dir bist: Wie oft ist es vorgekommen, dass

Der Mensch sendet ständig Schwingungen aus: positive, negative, neutrale – meist merkt er es nicht einmal. Der Hund jedoch bekommt alle Schwingungen mit – er kann ihnen gar nicht entgehen. Also versucht der Hund, entsprechend zu reagieren. Das ist schwer für ihn, denn unsere Schwingungen – Du kannst sie auch Launen nennen – ändern sich ständig, oft in Bruchteilen von Sekunden. Für den Hund ist das alles schwer durchschaubar.

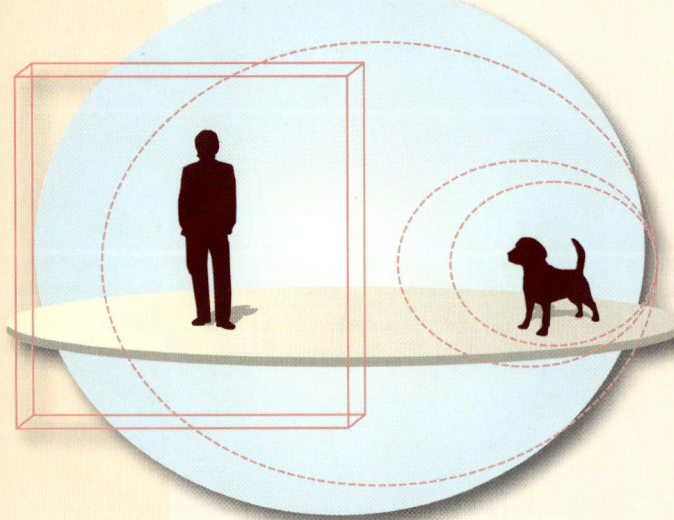

Auch der Hund sendet ununterbrochen Schwingungen aus. Wir Menschen bekommen davon leider kaum etwas mit – es ist, als steckten wir in einer Box, die nur minimale Sequenzen durchlässt.

Du negative Schwingungen wahrgenommen hast (Neid von Kollegen, Mobbing-Ansätze, schlechte Laune, Kummer und so weiter) – und wie oft ist es vorgekommen, dass Du positive Schwingungen wahrgenommen hast (Freude, Liebe, pure Energie, Lebensfreude)? – Siehst Du, schon sind wir wieder beim Negativismus gelandet. Wir nehmen lieber negative Dinge wahr und übersehen die positiven großzügig. Ist es da ein Wunder, dass uns auch vermehrt negative Dinge geschehen? Wohl kaum.

Wenn Du ein Haus siehst, siehst Du dann nur die Schönheit oder fällt Dir sofort auf, dass hier Farbe abblättert, da die Dachrinne schief hängt? Sei ehrlich! Was ist mit Deinem Hund? Dir fällt sofort auf, wenn Dein Hund ein Kommando oder einen Wunsch deinerseits nicht erfüllt. Ist Dir aufgefallen, wie oft Dein Hund im Gegensatz dazu genau das tut, was Du willst? Ist Dir aufgefallen, dass Dein Hund brav und ruhig auf seiner Decke liegt, wenn Du lesen willst? Ist Dir aufgefallen, dass Dein Hund gestern auf Anhieb kam, als Du ihn gerufen hast? Nein, nicht wahr? Und nun kommt das Entscheidende:

Jedes Mal, wenn Du ein – sagen wir mal positives – Verhalten Deines Hundes nicht würdigst, es also geflissentlich übersiehst, jedoch jedes negative Verhalten sofort mit negativen, sprich ungeduldigen, enttäuschten, ärgerlichen Schwingungen bestätigst, manifestiert sich dieses negative Verhalten.

LOA – mit Hund

Du rufst Deinen Hund und der kommt nicht. Du bist sauer, enttäuscht – diese Schwingungen treffen nicht nur Deinen Hund, sondern auch Dein eigenes Universum. Das LOA, das Gesetz der Anziehung sagt: Du erhältst mehrfach das zurück, was Du aussendest. In diesem Fall heißt das: Dein Hund wird beim nächsten Mal wieder nicht gleich kommen und – da Du ja dann wieder negative Schwingungen aussendest, beim übernächsten Mal auch nicht. Irgendwann kommt er gar nicht mehr. Du bekommst genau das, was Du aussendest. Dein Verhalten kommt zu Dir zurück wie ein Bumerang und es trifft Dich *immer* am Kopf!

Andersherum: Dein Hund kommt beim ersten Rufen nicht. Du kennst aber nun das Gesetz und nimmst Dir fest vor, ihm einen liebevollen Gedanken zu schicken, verbunden mit Deiner festen Überzeugung, dass er beim nächsten Rufen sofort kommt. Du wirst sehen, er kommt. Dann haben wir positive Schwingungen, Du freust Dich darüber. Die positiven Schwingungen verstärken sich – der Bumerang kommt zurück, diesmal positiv aufgeladen und er trifft Dich nicht am Kopf, sondern bringt Dir genau das, was Du willst: Deinen Hund, immer und überall.

LOA – diesmal ohne Hund

Ein Beispiel: Von Zeit zu Zeit probiere ich das LOA gerne aus. Beim wöchentlichen Einkauf in unserem Dorf sehe ich häufig eine völlig überforderte Kassiererin. Sie bemüht sich wirklich, immer freundlich zu sein – man spürt jedoch, dass sie gestresst ist. Die Kunden meckern über die Preise, über die zu kleinen Tüten, und, und, und ....

Ich scherze zwar immer ein wenig herum, dieses Mal wollte ich es aber genau wissen: Sie nannte mir eine Summe von 39,95 Euro und ich gab ihr zwei 20 Euro Scheine und einen 5 Euro Schein. Sie zählte das Wechselgeld ab und als sie es mir geben wollte, sagte ich, sie solle den Rest in die Kaffeekasse geben. Ich sagte es, weil ich ihr wirklich eine Freude machen wollte. Sie war zunächst sehr erstaunt, strahlte dann über das ganze Gesicht und wünschte mir – und dieses Mal kam es wirklich von Herzen – einen tollen Tag. Ich schaute ihr noch ein wenig zu und stellte fest, wie sie jetzt jeden Kunden anstrahlte und die lachten alle zurück. Plötzlich machte ihr der Job Spaß – die Kunden, die sonst unfreundlich oder gleichgültig waren, schauten sie als Person an und waren freundlich.

Warum? Nun, weil sie jetzt eine Energie ausstrahlte, die ihr sonst fehlte. Es war nicht das Geld, das ich ihr geschenkt hatte – es war die Anerkennung für sie, die ich damit kundgetan hatte. Und, mal ehrlich, so etwas kann doch jeder gebrauchen ...

Und schon sind wir wieder beim Thema Hund: Auch unser Hund braucht das Gefühl der Anerkennung – immer und immer wieder.

Ganz am Anfang dieses Buches habe ich Dir erzählt, wie wenig unsere Hunde wirklich tun müssen. Ich habe auch gesagt, dass unsere Hunde außerhalb unseres Grundstücks sofort auf Rufen kommen müssen.

Innerhalb unseres Grundstücks ist uns das ziemlich egal. Ich weiß, dass meine Hunde kommen, wenn ich sie rufe – außerhalb des Grundstücks. Und weil ich das weiß und davon ausgehe, dass es so ist, können sie sich diesen Schwingungen nicht entziehen – sie nehmen sie auf und beantworten sie positiv: sie kommen.

Ein weiteres Beispiel möchte ich Dir nicht vorenthalten – mir hat es gezeigt, wie richtig unser Weg ist, nicht nur dem Hund zu helfen, sondern in erster Linie dem Menschen und damit letztendlich beide zu einem harmonischen Leben zu führen:

Hier noch einmal grafisch dargestellt: Alles, was Du denkst und fühlst, trifft Deinen Hund mit voller Wucht. Sind Deine Gefühle positiv, erntest Du auch eine positive Reaktion von Deinem Hund – sind sie negativ, erntest Du eben eine negative Reaktion. Beides jedoch wird sich manifestieren. Da ist es geschickter, man sendet nur positive Gefühle, die unser Hund ja auch mehr als verdient hat, oder?

Ein Beispiel aus der Praxis:

Es war eine jener denkwürdigen Begegnungen, die einem ab und zu im Leben widerfahren. Wir waren mit zwölf Hunden unterwegs an die Ostsee und machten an einer Raststätte Halt. Ich ging gerade mit dreien unserer Hunde an der Leine über die Wiese hinter dem Rasthof, als uns ein unangeleinter Hund entgegenlief. Etwas weiter hinten kam eine Dame mit einem wie wild an der Leine ziehenden halbhohen Mischling. Meine Hunde blieben zwar an der Leine, ich ließ sie jedoch mit dem frei laufenden Hund ein wenig spielen. Die Dame mit ihrem Mischling schimpfte wie ein Rohrspatz: „Wie kann man einen Hund hier frei laufen lassen – das ist unverantwortlich!" Gerade da kam ein junger Mann, rief seinen Hund und der ließ unsere Hunde stehen und raste freudig auf den Mann zu. Die Dame ließ es sich nicht nehmen, den jungen Mann kräftig anzuschnauzen. Der antwortete ganz ruhig: „Ich lasse Coda immer frei laufen – sie weiß, dass sie nicht in die Nähe der Autos darf und hat noch nie mit einem anderen Hund Streit bekommen. Streitsüchtige andere Hunde ignoriert sie einfach". Dem konnte ich zustimmen – die Hündin war vorsichtig zunächst um meine Hunde herumgegangen und kam erst nach Aufforderung meiner drei heran – den Mischling mit Dame ignorierte die Hündin völlig. Mann und Hündin entfernten sich – die Dame blieb in meiner Nähe. Wir kamen in ein Gespräch und sie erzählte mir, dass sie von Beginn an Probleme mit ihrem Rudi hatte – der zog an der Leine, lief weg, kam nicht auf Rufen – das Übliche … Die Dame selbst,

(Foto: Tierfotoagentur.de/M. Rohlf)

Cora, war ein äußerst ängstlicher Typ und negativ bis ins Mark. Überall sah sie Gefahren für sich und ihren Hund, hatte Angst, dass ihr Auto eine Panne hätte (deshalb war sie auf diesem Rastplatz, sie ließ ihr Auto alle 500 Kilometer durchchecken), und, und, und ...

Sie erzählte mir noch mehr. Sie war von Beruf Polizeibeamtin (das hatte ihr Vater so gewollt) und keiner konnte sie leiden, ihre Kollegen nicht und die „Kunden" schon gar nicht. Sie war so verbissen und frustriert, dass mir beide – Hund und Cora – leid taten. Wir führten ein sehr langes Gespräch und spra-

chen natürlich auch über den jungen Mann mit seiner Hündin. Ich erklärte ihr, dass mir so ein Verhalten zwar etwas zu riskant sei, dass ich aber verstehen konnte, warum der Hündin nichts geschah. Ich erklärte ihr unsere Einstellung und das LOA. Natürlich glaubte sie mir kein Wort. Dennoch tauschten wir unsere Telefonnummern aus und verabredeten uns an der Ostsee. Dann trennten sich erst einmal unsere Wege.

Kurz vor unserem Ziel – der Insel Fehmarn – machten wir auf der letzten Raststätte noch einmal eine Pause. Da trafen wir Cora bereits wieder – ihr Auto hatte eine Panne, es fehlte Öl. Es wäre ja kein großes Problem gewesen, Öl nachfüllen, fertig. Aber nein, Cora musste im Auto schlafen, damit am nächsten Morgen in der Werkstatt noch einmal alles überprüft werden konnte. Ich erklärte ihr, dass auch ein Angestellter der Tankstelle oder ein Trucker solche Dinge nachschauen könnte. Sie nahm allen Mut zusammen und ging in die Tankstelle hinein. Der Angestellte schnauzte sie nur an, er hätte keine Zeit. Ich sah einen Trucker am Tresen stehen, sprach ihn freundlich an und schilderte ihm Coras Problem. Er lief sofort los, holte Werkzeug und schaute sich Coras Auto an. Er stellte fest, dass sie wohl vergessen hatte, Öl nachzufüllen und ging dann seiner Wege. Cora war erstaunt: Das hätte für sie noch nie jemand getan. Ich erklärte ihr den alten Spruch: „Wie man in den Wald hineinruft, so schallt es zurück." Das hatte sie nun verstanden.

Cora blieb dann bis Fehmarn immer hinter uns und war so sicher, dass nichts passieren konnte. Während unserer Tage auf der Insel hatte ich dann wirklich Zeit, Cora noch einmal das LOA zu erklären und mir ihr einige Testläufe zu machen. Ich gab ihr zum Abschluss den Rat, den mobbenden Kollegen mit einem ehrlichen Lächeln zu begegnen, alles Negative zu ignorieren und sich auf alles Positive – und sei es noch so nichtig – zu konzentrieren.

Ein halbes Jahr später besuchte Cora eines unserer Seminare: Wie hatte sie sich verändert. Sie war fröhlich – ihr Hund war ausgeglichen, gehorsam. Später erzählte sie mir, dass sie sich anfangs sehr schwer getan hätte, dann aber bei jedem negativen Gedanken auf ihr Armband geschaut und die Inschrift laut gelesen hätte: „Wulle, Wulle Schinkenspeck." Die Kollegen hätten sie zwar merkwürdig angeschaut, aber sie hätten auch lachen müssen. So nach und nach hatte sich das Verhältnis zu ihren Kollegen entspannt und damit hätte sich auch ihr Privatleben und ihr Verhältnis zu ihrem Hund gewandelt. Mit ihrer Fröhlichkeit hatte sie dann im Laufe der Zeit nicht nur sich selbst, sondern auch die anderen angesteckt – die positiven Schwingungen hatten sich multipliziert und waren zu ihr zurückgekehrt. Dadurch wurden die negativen immer mehr verdrängt. Sie zeigte mir ihr dickes Positiv-Tagebuch: Zu Beginn enthielt es die Einträge mehrerer Tage pro Seite, später umfassten die Einträge pro Tag bald mehrere Seiten ... Wenn jetzt bei Cora etwas schief lief, ärgerte sie sich kurz, hakte dann einfach das Geschehen ab und vergaß es. Sie suchte nach Lösungen – nicht nach Problemen. Ach ja – Cora hat den Job bei der Polizei verlassen und arbeitet nun als freiberufliche Hundetrainerin, unter anderem für die Polizeihundestaffel.

Fazit? Fühle Dich gut und nichts, wirklich gar nichts kann Dich aus der Bahn werfen.

Wichtig

Weder Deinen Hund noch das Universum kannst Du belügen: Wenn Deine Gefühle und Gedanken nicht aus Deinem tiefsten Inneren ehrlich positiv sind, dann funktioniert es meist nicht. Arbeite also zunächst intensiv an Dir, dann geht alles wie von selbst. Probiere es aus!

NLP – Neurolinguistische Programmierung

Noch etwas Wissenschaft gefällig? Das *Netzwerk Erfolgswissenschaft* schreibt über die Erfahrungen mit dem LOA im Bereich des Gesundheitswesens in einer Pressemitteilung (2008): „Könnte es sein – wir wollen mehr Gesundheit – erzeugen aber eigentlich mehr Krankheit?"

Kurz zum Verständnis der Bedeutung des sogenannten „Gesetzes der Anziehung". Die Erkenntnis, dass unsere Gedanken große Wirkung auf unser Leben haben, ist für Mentaltrainer nicht neu. Dieses Gesetz geht von der Grundannahme aus, dass Gleiches immer Gleiches anzieht, die Gedanken der Menschen wie Magnete wirken und mehr von dem in unserem Leben geschieht, worauf wir unsere Aufmerksamkeit richten.

Wer vor 50 Jahren einen Bill Gates getroffen und seine Visionen gehört hätte, würde ihn vermutlich als „Spinner" abgetan haben. Weltweit kommunizieren alle mit allen – eine seiner Visionen ist heute bereits fast Wirk-

lichkeit geworden. Irgendwie scheint man Innovatoren und damit allem Innovativen mit drei typischen Stufen zu begegnen: Zunächst bezeichnet man es als „Spinnerei", im nächsten Schritt fragt man sich, ob „vielleicht doch etwas dran ist" und danach, in Stufe drei, wird der „Orden" dafür verliehen.

Du siehst, die Existenz des LOA lässt sich nicht mehr abstreiten. Unzählige Bücher sind zu diesem Thema erschienen, Motivationstrainer bedienen sich des LOA, auch Mentaltrainer, ohne die im Sport gar nichts mehr geht, verbreiten es.

Auch NLP (die Neurolinguistische Programmierung) macht sich das LOA zunutze. NLP war bis vor einigen Jahren vorwiegend Managern vorbehalten. NLP ist die sogenannte „Neue Psychologie". Hier geht es zwar in erster Linie um Kommunikationstechniken, aber auch darum, das Positive im eigenen und im Leben anderer zu erkennen und herauszustreichen. NLP ist eigentlich eine Form, das LOA für sich zu erlernen.

Was genau ist die Neurolinguistische Programmierung?

- NLP ist das Studium, wie wir durch unsere mentalen Modelle, unsere Gedanken und Vorstellungen, unser Leben im wörtlichen Sinn „konstruieren".
- NLP ist das Studium der Wirkungsweise von „Überzeugungen" und „Wahrnehmungsfiltern" bei uns und bei allen anderen Lebewesen.
- NLP ist eine Sammlung von Fertigkeiten, um Kontrolle über die eigenen mentalen Vorgänge zu gewinnen.

Die Bezeichnung Neurolinguistische Programmierung setzt sich zusammen aus:

- *Neuro* – das neurologische System: Wie unsere Sinneseindrücke in Vorstellungen und Gedanken, bewusst und unbewusst, umgesetzt werden.
- *Linguistisch* – die Sprache: Wie wir Sprache gebrauchen und mit uns (innerlich) und mit anderen (äußerlich) kommunizieren, die Gesamtheit der Kommunikation (dazu gehört auch die Körpersprache).
- *Programmieren* – die Muster, die Prozesse, die Strukturen: Welche inneren und äußeren Prozesse wir anwenden und wie wir sie erkennen und gezielt verändern können.

Zusammengefasst: LOA ist das Gesetz der Anziehung und NLP ist der Weg, die Veränderungen bei sich und anderen herbeizuführen.

Du siehst also, weder LOA noch NLP sind irgendwelche Spinnereien – es handelt sich um die einfache Art, sein Leben positiv zu gestalten und – in unserem Fall – mit dem Hund eine völlig harmonische Beziehung aufzubauen, die allen Widerständen standhält. Und genau das ist es doch, was wir wollen, so bekommen wir alle unsere „Lassies" und „Rexe" und das ganz ohne Drill, Bestechung – eigentlich sogar ganz ohne Anstrengung ...

Und noch ein guter Rat von mir:
Es ist zwar nicht modern, Gefühle zu zeigen, wenn Du es trotzdem tust, verändert sich Deine Welt – zum Positiven. Du hast es mehrfach gelesen, dass ich eine ziemlich gefühlsbetonte Person bin – meine Tiere danken es mir täglich – und was die anderen denken, ist mir völlig egal. *Mache es wie die Sonnenuhr – zähl die heiteren Stunden nur!*

Anhang

Die Autorin

Angie Mienk ist als Deutsche in den USA geboren und abwechselnd in den USA und Deutschland aufgewachsen. Ihr Großvater und Vater waren sehr erfolgreiche Hundeausbilder für Zoll, Polizei und US-Armee. Immer schon gab es in der Familie mindestens zwei eigene Hunde und ein oder zwei, die zur Ausbildung da waren.

In den USA studierte Angie Mienk zunächst zwei Semester Veterinärmedizin, dann Humanpsychologie (in diesem Bereich promovierte sie im Jahr 2007 in den USA) und dazu Tierpsychologie (Tierpsychologe ist in den USA ein anerkannter Beruf, der ein komplettes Universitäts-Studium voraussetzt). Gleichzeitig absolvierte sie eine Ausbildung zur Profi-Hundetrainerin in einem großen Kennel.

Zurück in Deutschland machte Angie Mienk ihr Hobby zum Beruf. Aufgrund ihrer Erfahrungen mit zeitweise über 60 angeblich verhaltensgestörten Hunden befasste sie sich näher mit dem LOA-Prinzip und NLP (das gab es bislang nur für Menschen) und passte es auf Hunde und ihre Menschen an. Nach diesen Prinzipien lehrt sie seither den schonenden und harmonischen Umgang mit Hunden – über 1000 Hunde weltweit danken es ihr bereits jetzt.

Heute leben mit Angie Mienk und ihrer Familie mehrere Hunde. Alle zeigen ab und zu auf Videos und regelmäßig bei Kursen, wie einfach das Leben sein kann. Ihr Motto: Es gibt nur drei Buchstaben für den Erfolg: T U N !

Homepage der Autorin: www.hundeguru.com
Kurse und Seminare in Deutsch und Englisch

Empfehlenswerte Literatur

Bauer, Joachim:
Warum ich fühle, was du fühlst:
Intuitive Kommunikation
und das Geheimnis der Spiegelneurone
München: Heyne, 2006

Blümchen, Karin:
Das Wohlfühlbuch für Hunde
Wellness und Entspannung für jeden Tag
Brunsbek: Cadmos, 2009

Coppinger, Raymond:
Dogs. A Startling New Understanding of
Canine Origin, Behavior & Evolution
Macmillan: Scribner Book Company, 2001

Dahl, Dorothee:
Windhunde
Schnell, sanft, liebenswert
Brunsbek: Cadmos, 2007

Dahl, Dorothee:
Graue Schnauzen
Gute Zeit mit alten Hunden
Brunsbek: Cadmos, 2008

Kühnau, Dorothee/Warnat, Beate:
Hunde-Physiotherapie
Fit und gesund durch Krankengymnastik
Brunsbek: Cadmos, 2006

Mielke, Kerstin:
Die Anatomie des Hundes
Anschaulich und verständlich
Brunsbek: Cadmos, 2007

Mienk, Angie:
Hundologie – das Einsteigerbuch
E-Book im Eigenverlag, 2008

Weerasinghe, Gudrun:
Tierkommunikation – so einfach
Anleitungsbuch zum Erlernen der
mentalen Kommunikation mit Tieren
Güllesheim: Silberschnur, 2008

Danke

Mein Dank gilt allen meinen Ex-Chefs und Ex-Lehrern, die allesamt dafür gesorgt haben, dass ich nie Zeit hatte, den jeweiligen Trends der Hundeerziehung zu folgen oder überhaupt davon Kenntnis zu bekommen. Ganz besonders danken möchte ich allen vierbeinigen Lehrern, die immer wieder gezeigt haben, wie man mit Tieren ein harmonisches Leben führen kann, selbst wenn ihre Vorgeschichte das meist nicht vermuten ließ.

Mein Dank gilt aber auch all denjenigen Menschen, die mir Steine in den Weg gelegt haben, denn das hat mich stark gemacht – und Dank den Tieren und Menschen, die zu mir gehalten haben. Danke an meine Klienten, die mit uns den Weg der Harmonie gehen. Ich habe noch vielen Menschen und Tieren zu danken – ich tue es jeden Morgen vor dem Aufstehen – wir sind in Gedanken miteinander verbunden.

Besonderer Dank gilt der überaus geduldigen und kooperativen Lektorin Frau Poppe und dem Geschäftsführer des Cadmos Verlages Herrn Schmidtke.

CADMOS

Katrin Blümchen

DAS WOHLFÜHLBUCH FÜR HUNDE

Wellness ist Trumpf – nicht nur bei Menschen, sondern auch bei Hunden! Im besonders ansprechenden Format bietet dieses Buch gut aufgebaute und mit hilfreichen Fotos versehene Tipps für ein schönes Hunde-Wohlfühlprogramm. Die Übungen sind ohne großen Aufwand von jedem Hundehalter umzusetzen, der Erfolg ist an der Reaktion des Hundes sofort abzulesen.

128 Seiten
farbig, broschiert mit Klappen
ISBN 978-3-86127-873-3

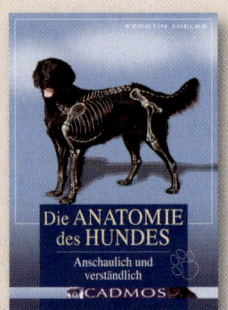

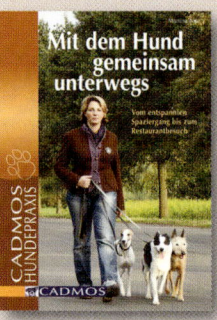

Kerstin Mielke

DIE ANATOMIE DES HUNDES

In diesem Buch finden Sie alle wichtigen Informationen über den Körperbau, die Funktion des Bewegungsapparates, innere Organe, Nervensystem und Sinnesorgane beim Hund. Detaillierte Zeichnungen veranschaulichen ergänzend die anatomischen Gegebenheiten.

96 Seiten
farbig, gebunden
ISBN 978-3-86127-793-4

Brunhilde Mühlbauer

HUNDE RICHTIG MASSIEREN

Richtig eingesetzt können Massagen das Wohlbefinden Ihres Hundes steigern, eine Heilung beschleunigen, Störungen beseitigen und Schmerzen lindern. Dieses Praxisbuch zeigt verschiedene Methoden für eine hilfreiche und liebevolle Hundemassage.

80 Seiten
farbig, broschiert
ISBN 978-3-86127-740-8

Martina Nau

MIT DEM HUND GEMEINSAM UNTERWEGS

Dieser Ratgeber vermittelt, wie man seinen Hund zu einem angenehmen Begleiter erzieht, den man überall mit hinnehmen kann. Es wird gezeigt, was es zu beachten gilt, wenn Mensch und Hund im Wald, im Feld und in der Stadt unterwegs, auf Reisen oder in einem Restaurant oder in einem anderen Haus zu Gast sind.

80 Seiten
farbig, broschiert
ISBN 978-3-86127-767-5

Dorothee Dahl

WINDHUNDE

Wer dieses Buch gelesen hat wird feststellen: Ein Windhund ist nicht nur ein Hund – er ist eine Seele auf vier Beinen. Der Leser erfährt Wissenswertes über Herkunft, Pflege, Haltung und Fütterung und bekommt Tipps für den Umgang mit dem typischen Jagdverhalten der pfeilschnellen Sichtjäger. Wunderschöne Fotos und ein Überblick über die vielfältigen Windhunderassen geben ein umfassendes Bild dieser faszinierenden Hunde.

112 Seiten
farbig, gebunden
ISBN 978-3-86127-798-9

CADMOS

www.cadmos.de

Cadmos Verlag GmbH · Möllner Straße 47 · 21493 Schwarzenbek
Tel. 04151 87 90 7-0 · Fax 04151 87 90 7-12